碳交易制度研究

戴彦德　康艳兵　熊小平等◎著

课题组成员名单

课题组组长

戴彦德　　国家发改委能源研究所　副所长，研究员

康艳兵　　国家发改委能源研究所　主任，博士

课题组成员

熊小平　　国家发改委能源研究所　博士

赵　盟　　国家发改委能源研究所　硕士

冯升波　　国家发改委能源研究所　副主任，博士

廖虹云　　国家发改委能源研究所　硕士

蒋小谦　　国家发改委能源研究所　硕士

袁　敏　　国家发改委能源研究所　硕士

张　扬　　国家发改委能源研究所　硕士

王　欢　　国家发改委能源研究所　硕士

窦瑞云　　国家发改委能源研究所　学士

前　言

Preface

随着全球经济的发展，大量温室气体被排放出来，导致全球气候发生了以变暖为主要特征的显著变化，对人类的生存和持续发展构成了严峻挑战，如何利用有限的碳排放空间促进可持续发展成为当今人类社会迫切需要解决的重大课题。在此背景下，碳交易作为破解资源环境约束、推动绿色低碳发展的一种重要市场机制，正在席卷全球经济大国，成为近10年来全球关注的焦点，并将对21世纪的全球经济和产业格局产生深远的影响。

回首过去，碳交易在全球碳排放空间日益稀缺的背景下、在日益激烈的国际气候谈判中诞生，《京都议定书》为碳交易的发展奠定了法律基础，成为碳交易历史上的里程碑。放眼世界，碳交易随着低碳发展浪潮而席卷全球各国。继欧盟建立全球最大的区域碳交易市场之后，美国以芝加哥自愿减排交易为起点，发展建立了RGGI、WCI、加州计划等区域性碳交易市场；澳大利亚通过立法在2015年启动国内碳交易市场，“先实施碳定价，后推动碳交易”的做法也成为当今世界的重要关注点；日本在东京已经建立全球第一个为商业行业设定减排目标的总量控制与交易体系，也是全球第一个以城市为覆盖范围的碳排放交易体系；乌克兰、俄罗斯、哈萨克斯坦、白俄罗斯、土耳其、墨西哥、智利、巴西等发展中国家也纷纷开始积极研究建立碳交易市场；中国于2011年也正式启动了北京、天津、上海、重庆、广东、湖北、深圳等7省市的碳排放权交易试点工作。展望未来，碳交易的国际化趋势将改变全球经济和产业格局，成为各国展开激烈竞争的新领地、展示政治形象的新名片、推动绿色低碳发展的新动力。

在跟踪全球碳市场发展、参与碳交易相关研究课题以及指导推进我国碳交易试点工作的过程中，我们发现各方对碳交易的认识和理解也在不断加深。从国内外相关的研究成果看，已经从过去言必谈科斯定理、监测报告核查机制向符合国情的顶层制度设计、对经济发展影响以及相关的实证研究方向发展，但通读这些文章和报告仍感觉不够“解渴”。一方面，是因为碳交易市场不同于普通商品交易市场，碳交易市场的建立完全有赖于一整套相关制度体系的建立，而这些制度又是通过政府部门“自上而下”围绕着公共政策目标进行设计的，而不是一般意义上的由民间自发形成、成为习惯并固化下来的规则，但是纵览当前国内外相关碳交易的研究，从制度层面研究碳交易问题的成果却很少。另一方面，是碳交易在某一个国家落地生根，其制度设计必须反映本国或当地的实际国情，特别是能源环境、经济产业、技术进步、体制机制等情况，而我国在建立碳交易市场的过程中，尚未看到系统深入的碳交易制度顶层设计，特别是对中国建立碳交易制度相关的主要国情特点的归纳还比较缺乏。于是在对国情特点不甚了解或者缺乏认识的情况下，欧盟、澳大利亚、日本、美国等碳交易市场成为了我们的研究和模仿的对象。可以说，如果缺乏对碳交易本质、政策目标以及碳交易制度的深层次理解，缺乏对国情特点的总体把握，我们就碳交易方面得出的研究结论将难免有失偏颇。

在此背景下，本书以对碳排放交易制度的研究为主线，通过对碳交易的理论分析，研究构建碳交易制度的理论框架，总结我国建立碳交易制度的国情，并相应提出了我国碳交易制度的顶层设计方案。

全书共分为6章，各章的主要内容如下。

第1章绪论中介绍了碳交易的由来，总结回顾了全球碳市场的发展现状、趋势和影响，并在此基础上详细分析我国开展碳交易的意义。

第2章是对碳交易的理论分析。在厘清碳交易基本概念并简要阐述其基本作用机理之后，根据经济学相关理论对碳交易的全过程进行了理论解析，并据此研究分析了碳交易的本质和政策目标，且与碳税制度进行了比较分析。在对碳交易市场体系结构和碳交易市场类型进行划分和梳理之后，结合上述理论分析和对交易标的——碳排放权特点的总结，分析归纳了碳交易制度的主要特征，首次研究提出了包括“3项核心制度，2个支撑机制，1套外围体系”的碳交易制度理论框架，并建立了用来研究不同交易模式下交易规则处理方式的碳交易主体关系分析模型。

第3章则在建立碳交易制度理论框架之后，着重从实证角度分析了欧盟和澳大利亚碳交易制度安排，特别是对应本文构建的理论框架，研究了两个案例的相应的制度设计；并从全球和发展的视角对世界碳交易体系、制度安排的总体变化趋势以及碳交易制度框架各要素的发展趋势做出了总结和判断。

第4章将视野切换回中国，重点对与建立碳交易制度相关的国情进行了总结。我国尚处于经济持续发展、政治体制改革逐步推进、市场经济体制深入转型的过程中，建立碳交易制度既有有利因素，又面临一些实际困难，而我国已建立节能减排责任目标层层分解和考核机制、碳排放增量大、地区间发展极不平衡、政府主导经济发展、国有企业地位特殊、碳交易市场外围保障较弱等国情特点也应成为我国建立碳交易制度需要重点考虑的因素。

第5章对我国碳交易制度和市场发展进行了系统顶层设计，提出我国碳交易制度设计的基本思路、总体构想和战略步骤，研究了试点阶段、全国市场阶段、国际接轨阶段等分阶段碳交易制度发展路线图。重点针对全国市场阶段，提出了“1套标准、2种标的、3个层级、4类主体”的总体市场体系，和“总量控制、层层分解、分级管理、目标考核、市场定价、按规交易、政府调控、特殊考虑、统一标准、内外协调”的制度特征，并结合我国实际国情，提出了较详细的全国市场阶段的碳交易制度设计方案。

第6章是对我国碳交易试点相关制度设计的总结分析。通过广泛调研，对国内各碳排放权交易试点的制度进行了归纳，站在全国碳交易制度顶层设计的角度，指出试点碳交易制度设计中存在的问题，并相应提出进一步做好碳交易试点工作、服务全国碳交易市场建设的政策建议。

关于本书内容还需要特别指出的是，本书的研究对象是政府主导建立的强制性碳排放权交易市场，而企业、社会团体或个人基于社会责任等原因购买碳减排信用形成的自愿碳市场未予以过多考虑。同时，本文通篇以较低成本实现碳排放控制目标，即如何充分利用有限的碳排放空间实现最大的经济社会效益作为碳交易制度的核心政策目标，因而对碳金融、碳期货未过多涉及。此外，书中对我国碳交易制度的顶层设计立足当前、着眼长远，意在通过研究提出未来我国应该建立的碳交易制度框架体系来为当前的政策部署提供指导和参考，所以书中提出的未来全国碳交易市场是基于“政府实施总量控制、企业实施配额分配”政策背景下的碳交易制度安排，比当前碳交易试点中仅给重点企业分配配额基础上形成的碳交易制度要复杂，但是更加合理。

本书是国家发改委能源研究所在国家发改委宏观经济研究院重点课题——《我国碳交易制度研究》、国家发改委委托的《中国碳交易市场建设总体方案研究》以及《碳交易与碳税比较分析》等诸多研究成果基础上整理形成的。研究过程中得到了国家发改委气候司、国务院参事室、国务院发展研究中心、国家发改委宏观经济研究院、国家应对气候变化和国际合作中心、清华大学、北京理工大学、中国能源研究会、中创碳投等政府部门和研究机构领导和专家的指导，并得到了相关碳交易试点地方政府和能源环境交易所的积极配合。谨对以上部门、单位、领导和专家表示衷心的感谢！同时感谢中国发展出版社包月阳社长、张诗雨博士、尚元经编辑对本书出版给予的支持！

我们抱着为中国碳交易市场发展做出些许贡献的拳拳之心研究并出版本书，然而在研究过程中也深感碳交易制度研究内容纷繁浩瀚，虽经再三思量修改，也难免有不当和疏漏之处，敬请读者批评指正。

作　者

2013年10月于北京

目 录
Contents

内容提要

随着全球经济社会发展进步，排放的大量温室气体导致全球气候发生了显著变化，对人类生存和持续发展构成了严峻挑战，碳排放空间成为稀缺性日益凸显的“生产要素”。在此背景下，全球气候变化谈判形成的《京都议定书》规定了相关国家的碳排放控制目标，提出了碳交易制度框架安排，进一步催生了欧盟碳交易体系（EU ETS）以及美国、日本等国家区域碳交易市场。作为全球最大的能源消费国和碳排放国，我国在2011年也正式启动了包括7个省市的碳交易试点，探索利用市场机制破解资源环境约束问题。

放眼世界，碳交易浪潮正席卷全球经济大国；展望未来，碳交易的国际化趋势将改变全球经济和产业格局，成为各国展开激烈竞争的新领地、展示政治形象的新名片及推动绿色低碳发展的新动力。那么，什么是碳交易？碳交易的本质和政策目标是什么？碳交易与碳税各有什么利弊？与普通商品交易相比，碳交易有哪些特点？建立碳交易市场，需要什么样的制度框架？我国是不是应该搞碳交易？我国建立碳交易制度面临着哪些挑战和机遇？我国未来建立碳交易制度的总体思路和发展战略路线图应该是什么？如何基于顶层设计思想构建全国碳交易市场的制度体系？我国碳交易试点有什么进展和成效，需在哪些方面进行完善？

围绕上述问题，本书从全球视野并结合我国实际，分析了我国开展碳交易的重要意义；从理论层面研究了碳交易的本质和制度特征，首次提出了包括“3项核心制度，2个支撑机制，1套外围体系”的碳交易制度理论框架，并建立了用来研究不同交易模式下交易规则处理方式的碳交易主体关系分析模型；分析了我国建立碳交易制度的有利条件、制约因素和需要考虑的国情，提出了建立我国碳交易制度的总体思路、基本原则和“三步走”战略步骤，研究了我国碳交易制度发展的路线图；围绕建立符合国情的全国碳交易市场，提出了“1套标准，2种标的，3个层级，4类主体”的碳交易市场体系，基于顶层设计思想对全国碳交易市场进行了制度设计；针对当前我国正在推动的碳交易试点在制度设计方面存在的主要问题提出了相关建议。

本书适用于从事能源环境、节能环保、绿色低碳、生态文明、可持续发展、气候变化相关领域的政府工作人员、用能企业、节能服务公司、行业协会、节能低碳咨询机构、能源审计和碳排放核查机构、金融机构、交易所、科研机构、大专院校相关专业的师生，以及关注我国资源环境和绿色低碳发展问题的广大读者。

第1章

绪　论

控制温室气体排放、积极应对气候变化是人类社会共同面临的重大挑战。为推动以较低成本实现控制温室气体排放的目标，碳交易逐渐成为各国政府考虑采取的重要政策手段。开展碳交易有利于在既定的碳排放空间约束下取得更大的经济社会效益，自诞生以来短短十余年全球碳市场呈现出快速发展的趋势，其持续发展将对未来全球经济格局和政治格局产生深远影响。我国在控制温室气体排放、实践绿色低碳发展所面临的国内、国际压力，要求我们必须重视碳交易的长远发展和影响，积极探索建立我国碳交易制度。本章从应对气候变化和绿色低碳发展的必然要求出发，介绍碳交易的由来、现状和发展趋势，分析提出我国开展碳交易的重要意义。

一、碳交易的产生背景

1. 气候变化与温室气体

全球气候变化是21世纪人类社会面临的最复杂挑战之一。气候变化导致全球平均气温和海温升高，造成冰川融化、海平面上升以及降雨的不均衡变化，引起极端天气事件频发，严重影响农业生产并威胁生态多样性安全，对人类的生产生活产生了极大负面影响。

根据联合国政府间气候变化专门委员会（Intergovernmental Panel on Climate Change，IPCC）2007 年发布的第四次评估报告，二氧化碳是引起全球气候变暖的主要原因，化石燃料燃烧是其最主要排放来源。监测数据表明，1900 年至 2010 年期间，全球地表平均气温上升了 0.7℃，而大气层中的二氧化碳平均浓度上升了 94.2ppm（图 1）。1995 ~ 2006 年是全球自 1850 年以来最暖的 12 年。全球气候变暖除了自然因素外，很大程度上是由人类活动造成的。IPCC 的第三次评估报告认为，全球变暖有 66% 的可能是人类活动造成的，而第四次评估报告将这一可能性提高到了 90%①。

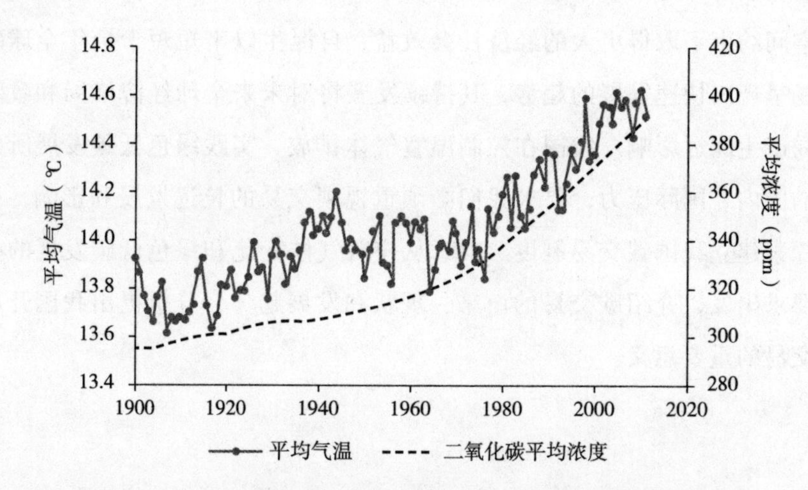

图 1　1900 年以来全球平均气温和大气中二氧化碳浓度变化趋势

资料来源：课题组根据美国地球政策研究所（EPI）汇总的有关数据进行绘制，其中气温数据来自美国国家航空航天局（NASA），二氧化碳浓度数据来自美国国家海洋和大气管理局（NOAA）。

---

① 据 2013 年 9 月份最新公布的 IPCC 第五次评估报告第一工作组报告摘要，过去三个 10 年地表已连续偏暖于 1850 年以来的任何一个 10 年，在 1880 ~ 2012 年期间全球平均气温升高了 0.85℃。人类活动造成全球变暖的可能性提高到 95% 以上。

2. 减排目标与经济发展

应对气候变化的核心内容之一是控制并逐步减少人为活动导致的温室气体排放，而其中的关键是减少化石能源消费的二氧化碳排放。随着气候变化科学认知的发展，全球碳排放空间容量日益明确。欧盟率先提出未来将全球平均温升控制在工业革命发生以来2℃范围内的目标，这一目标先后得到了主要国家的认可。2009年意大利G8峰会提出的本世纪全球温升相比工业革命前不超过2℃的目标被写入《哥本哈根协议》，2010年的坎昆缔约方大会和2011年的德班缔约方大会都再次确认了全球2℃温升控制目标。尽管温升水平与大气中温室气体浓度之间的定量关系还存在一定不确定性，但温升目标的确定在一定程度上相当于为全球的温室气体排放空间设置了一个总量的上限。根据德国全球变化咨询委员会（WBGU）的研究，如果要将温升目标控制在2℃，则意味着从2010年到2050年全球只有7500亿吨二氧化碳当量的排放空间。若按2008年全球排放量，突破这一排放上限只需25年左右，考虑到近年来全球碳排放量的持续大幅增长，这一空间将在20年之内被耗尽。这使得温室气体排放空间的稀缺性日益凸显。

应对气候变化的核心是能源问题，本质是发展问题。在所有温室气体排放中，二氧化碳占70%以上；二氧化碳排放中，化石燃料燃烧产生的二氧化碳占90%以上。在此形势下，控制温室气体排放的关键，是要控制化石燃料消耗。能源是人类生产和生活的重要物质基础，在当前的经济发展和能源消费方式下，控制碳排放实际上将限制人类的生产活动和发展空间，将影响人类的生产方式和生活方式。因此，应对气候变化中人类社会面临的重大挑战是在日益稀缺的碳排放空间下如何实现经济社会的最大发展。

为了控制温室气体排放，全球自20世纪80年代开始便就各国承担减排责任目标问题展开谈判，但由于在当前经济社会发展模式下，温室气体排放空间意味着各国发展空间，激烈的谈判一直持续至今。在第 15 次气候公约缔约方大会（COP15）形成的《哥本哈根协议》下，主要发达国家和主要发展中国家都已经提出了到2020 年的温室气体排放控制目标。基于对碳排放空间稀缺程度的认识，各国已经感受到加快削减温室气体排放量的必要性和紧迫性，并开始积极采取行动。目前，越来越多的国家已经在积极倡导以绿色低碳为特征的经济发展方式，大力推动国内企业采取减排措施。

无论是人类社会还是某个国家或企业，这些不同层面的主体面临的一个共同而艰巨的挑战就是如何低成本实现控排目标，即如何合理利用日益稀缺的碳排放空间，在既定的碳排放责任目标约束下实现更大程度的发展效益。

在上述背景下，各国开始积极探索解决问题的政策途径。行政管制和征收碳税在最初被认为是有效的控制方法。随着排污权交易理论的发展成熟和美国二氧化硫排污权交易取得巨大成功，政策制定者看到了新的希望，并将这种政策思路应用到温室气体排放控制领域，碳交易由此应运而生。作为一种可以低成本实现控排目标的政策机制，碳交易的产生顺应了人类对碳排放空间稀缺性的认识，通过人为创造碳排放权这一特殊的商品，并允许市场化交易，使得碳排放空间的稀缺性得以反映，市场配置碳排放空间资源的作用也得以发挥，从而提高了全人类的发展福利。

3. UNFCCC 和《京都议定书》

应对全球气候变化需要世界各国共同努力。1992 年在里约热内卢召开的联合国环境与发展会议上，与会各国签订了《联合国气候变化框架公约》（UNFCCC）并于 1994 年正式生效。UNFCCC 是世界上第一个有法律约束力的公约，旨在控制大气中二氧化碳、甲烷和其他温室气体的排放，将温室气体的浓度稳定在使气候系统免遭破坏的水平上，以应对全球气候变暖给人类经济和社会带来的不利影响。公约也是国际社会在应对全球气候变化问题上进行国际合作的一个基本框架。公约内容包含了行动目标、承诺、研究和系统贯彻、教育培训和公众意识、缔约方会议、秘书处、附属科技咨询机构、附属履行机构、资金机制、信息交流、争端的解决以及公约的生效、保留等诸多方面，对各国合作应对气候变化做出了原则性的规定。

为了将全球温室气体排放量控制在预期水平，在公约的基础上，还需要做出更加细化并具有强制和可操作性的承诺，由此开始了旷日持久的关于加强发达国家义务及承诺的谈判。谈判历经艰辛，直到1997年在日本京都召开的缔约方大会才初步形成关于限制温室气体的方案——《京都议定书》。

《京都议定书》首次为附件I国家[①]制定了具有法律约束力的量化控排目标，即附件I国家在《京都议定书》第一承诺期内（2008~2012年）的温室气体排放量要在1990年的基础上平均减少5.2%，非附件I国家不承担量化减排义务。在此基础上，《京都议定书》为附件I国家进一步规定了详细的控排目标，其中美国的控排目标是降低7%[②]，日本的控排目标是降低6%，欧盟国家作为一个整体的控排目标是降低8%。控排目标的设定使得附件I国家的碳排放有了总量控制目标，附件I国家经济社会的发展不得不将控制碳排放纳入考虑范围。

由于各国之间减排责任、经济水平、产业结构、技术水平各不相同，导致各国减排成本存在较大差异。《京都议定书》同时规定了排放交易

---

① 附件I国家包括主要发达国家和经济转型国家，非附件I国家指除附件I国家外的所有国家。

② 美国后来退出了《京都议定书》。

(ET)、联合履约（JI）和清洁发展机制三种灵活机制（CDM），允许国家之间通过交易降低总减排成本，推动碳排放空间的经济价值得到最大利用。上述三种灵活机制都是附件I国家完成《京都议定书》控排目标的补充机制，其中排放交易指附件I国家之间交易碳排放总量控制目标的机制，联合履约指附件I国家之间交易温室气体减排项目产生的减排信用的机制，清洁发展机制指附件I国家向非附件I国家购买温室气体减排项目产生的减排信用的机制。在三种灵活机制的制度安排下，国际碳交易市场由此产生。

由于企业是温室气体排放的主体，附件I国家普遍将控制企业温室气体排放作为实现国家温室气体控排目标的重要途径。部分附件I国家为企业设置了温室气体排放量控制指标，同时针对不同行业和不同规模的企业的减排成本存在差异的实际情况，设置了交易机制允许企业对其碳排放指标进行交易，进而降低全社会的总减排成本，国家内部以企业为主体的碳交易也得以产生发展。

以《京都议定书》制度模式为原型，全球碳交易市场迅速规模化发展，并随着人们对碳排放空间的稀缺性认识程度的进一步深化，在全球低碳发展的浪潮中，吸引了金融机构的积极参与，推动了碳金融及相关衍生品的繁荣，进一步促进了全球碳交易市场的发展。

《京都议定书》为开展全球性的碳交易奠定了法律基础。《京都议定书》承认不同国家之间在应对气候变化的能力、历史责任、发展阶段、技术水平、人均排放水平上的差异，确立了一个包含多层次目标和多种机制共存且相互链接的制度，既有明确目标，又有充分的灵活性，体现了效率与公平兼顾的原则，有力促进了全球碳交易的蓬勃发展。

二、碳交易的发展现状

1. 世界主要碳市场

放眼世界，碳交易浪潮正席卷全球经济大国。自英国于 2002 年建立世界上第一个企业间的碳交易体系以来，碳交易大幕就已经开始在全球范围内徐徐拉开。2005 年，欧盟建立了世界上首个跨国间的碳交易体系——欧盟排放交易体系（EU ETS），为全球范围内的其他碳交易体系提供了重要参考，也极大增强了其他国家开展碳交易的信心。自此之后，美国、日本、澳大利亚等发达国家内部的区域碳交易体系如雨后春笋般迅速发展起来。美国以芝加哥自愿减排交易为起点，发展建立了 RGGI、WCI、加州计划等区域性碳交易市场；澳大利亚通过立法在 2015 年启动国内碳交易市场，“先实施碳定价，后推动碳交易”的做法也成为当今世界的重要关注点；日本在东京已经建立全球第一个为商业行业设定控排目标的总量控制与交易体系，也是全球第一个以城市为覆盖范围的碳排放交易体系。2008 年全球金融危机和 2009 年哥本哈根全球气候变化大会以来，碳交易的浪潮更加迅猛地席卷着世界上的经济大国。除上述发达国家以外，其他国家包括乌克兰、哈萨克斯坦、白俄罗斯、土耳其、墨西哥、智利、巴西、韩国、中国①等纷纷开始筹建各自的碳交易体系，碳交易在全球范围内已经遍地开花（图 2）。各国碳交易市场的建立，正在铺垫碳交易制度国际化、全球化的道路。

---

① 我国已于 2011 年正式启动了包括北京、天津、上海、重庆、广东、湖北、深圳 7 省市在内的国家碳交易试点建设。

表1　　全球主要碳交易市场发展进程

名　称	起止日期
英国排放交易体系（UK ETS）	2002～2006
（澳）新南威尔士温室气体减排计划（GGAS）	2003～2012①
欧盟排放交易体系（EU ETS）	2005～
挪威排放交易体系（NOR ETS）	2005～2007②
瑞士排放交易体系（SZ ETS）	2008～③
（英）碳控排目标计划（CERT）	2008～2012
新西兰排放交易体系（NZ ETS）	2008～
（美）温室气体减排倡议（RGGI）	2009～2018
（日）东京总量控制与排放交易计划	2010～
（英）减碳承诺计划（CRC）	2010～
（美）加州总量控制与交易计划	2012～2020
（美）西部气候倡议（WCI）	2012～
（澳）清洁能源未来计划	2015～
（中）区域碳排放权交易试点	2011～

资料来源：课题组根据相关资料整理。

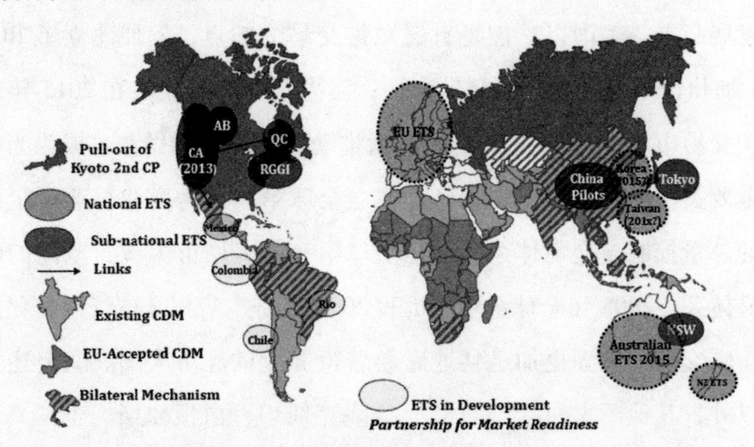

图2　部分已经实施/计划实施的碳交易（截至2012年3月）

资料来源：IETA，2012 Vancouver Workshop – Summary Report。

---

① 由于澳大利亚于2012年6月开始征收碳税并将于2015年转为碳交易，GGAS已于2012年5月底关闭。

② 挪威于2008年加入了EU ETS。

③ 瑞士计划在2014年加入EU ETS。

(1) 欧盟碳交易市场

欧盟一直是全球应对气候变化行动的积极推动力量之一。为了保证欧盟各成员国实现在《京都议定书》中承诺的减排目标，欧盟出台了一系列促进温室气体减排的政策和举措，其中处于基石地位的是构建温室气体排放交易市场。欧盟碳排放交易体系是迄今为止世界范围内覆盖最多国家、横跨最多行业的碳排放交易体系，对促进全球经济发展模式从化石能源经济向低碳经济的转变，具有积极的示范意义。

欧盟碳排放交易体系于2005年1月启动运行，目前规定了三个阶段，第一阶段（2005～2007年）为试运行阶段，主要目的是“在行动中学习”，为关键的下一阶段积累经验；第二阶段（2008～2012年）与《京都议定书》的履约期相对应，主要目标是实现欧盟各成员国在《京都议定书》中的减排承诺；第三阶段（2013～2020年）则是为了实现2020年更高的减排目标而设定。

2005年欧盟碳排放交易体系运行以来，其市场规模迅猛发展，很快占据了全球碳排放交易市场总规模的90%以上。除现货交易外，欧盟碳市场迅速金融化，为碳市场快速发展发挥了重要推动作用。欧洲气候交易所在2005年成立之初就开始提供EUA期货交易服务，2007年产品范围扩展到EUA和CER现货合同、期货交易、远期合约和期权合约。根据世界银行2010年发布的全球碳市场发展报告，欧盟碳市场2009年总交易额中，期货交易占据了73%。

欧盟碳排放交易体系的运行促进了欧洲低碳产业的发展和向低碳经济的转型，并间接促进了欧洲的温室气体减排。排放交易体系释放出一个清晰的价格信号，对于企业的战略选择、技术路线、产品开发乃至运营管理等各个层面都产生了影响，使之朝着更高效率、更低碳的方向转变。麦肯锡公司和Ecofys进行的一项调查显示，有接近一半的企业将碳排放许可配额的价值计入日常运营，电力行业有近70%的企业将EUA价值纳入战略决策。低碳产业上的先期行动让欧洲的低碳技术和装备企业在全球市场竞争中占据了先发优势。以风电产业为例，2009 年全球排行前 10 名的风电机组制造企业中有 5 家是欧洲企业，欧盟地区的风电设备制造业生产能力占世界的 50% 以上，是最重要的风电设备生产地，也是最大的风电设备出口地区。

（2）美国碳交易市场

美国政府拒绝签署《京都议定书》，让出了在应对气候变化问题上的全球领导地位，但美国各级州政府并未停止在州政府权限范围内寻求气候变化问题的解决方案。鉴于二氧化硫排放交易机制在美国成功实施，美国州政府、商业界、环保组织、学术界和咨询专家均将碳排放交易机制作为应对气候变化的重要措施加以关注、研究和推进，并正在形成数个区域性、州际性碳排放交易体系。

美国区域温室气体减排行动（RGGI）是美国第一个强制性、市场驱动的二氧化碳总量控制与交易体系，也是全世界第一个拍卖几乎全部配额的碳排放交易体系。RGGI 于 2009 年正式运行，覆盖了美国东北部及中大西洋的 10 个州，管制的行业为单一电力生产行业。RGGI 由其所覆盖的州的各自单独的二氧化碳预算交易体系组成。这些单独的体系均以 RGGI 规则模型为共同基础，由各州自行制定管制条例进行管理，并由“碳配额互惠”规则相互连接。2009 ~ 2014 年，RGGI 的减排目标是维持现有排放总量不变，自 2015 年开始到 2018 年，每年排放递减 2. 5% 。

西部气候行动倡议（WCI）是美国构建区域碳排放交易市场努力的一部分，WCI 覆盖了美国 7 个州和加拿大 4 个省，囊括了几乎所有的经济部门，减排目标设定为：2020 年在 2005 年的基础上减排 15% 。WCI 进一步发展了碳排放交易体系关于灵活履约方面的机制设计，帮助管制对象降低履约成本，配额分配方面也更多采用拍卖方式，而且特别注重与现有和正在开发的总量控制盒交易体系的连接。

加州总量控制与交易计划是美国国内具有特殊意义的区域碳市场。加州碳交易市场根据“加州全球变暖解决法案2006”建立，是加州在气候变化领域具有开创性和领先性的法律，其目的是以成本有效的方式实现2020年使加州温室气体排放降至1990年水平的目标。加州总量控制与交易计划为加州85%的温室气体排放设定排放限额，形成驱动长期清洁投资和能源高效利用投资的价格信号并赋予管制对象寻求和执行减排温室气体最低成本方法的灵活性。通过推动总量控制与交易计划，加州一方面稳固了加州经济在全球应对气候变化行动中的领先地位并从中获益，另一方面对美国和全球应对气候变化起到了催化作用。

美国还尝试了在联邦政府层面推动碳交易。2009年美国众议院通过了美国清洁能源和安全法案，重点包括了以总量限额交易为基础的减少全球变暖的计划。法案对美国大型温室气体排放源设置了具有法律约束力且逐年下降的总量限额，包括发电厂、制造业设施和炼油厂。法案要求这些排放源到2020年减少相当于2005年17%的温室气体排放，到2050年减少相当于2005年83%的温室气体排放。在排放交易体系下，法案要求排放源要对其排放的每一吨温室气体都要持有相应单位的排放配额，这些配额可以进行交易和储存。同时每年发放的配额数量在2012～2050年将会显著地减少。如果法案最终顺利通过，美国也将形成以排放权交易为主体的地区碳市场，并会在一定程度上与国际市场接轨。考虑到美国在总排放量、减排潜力、大宗交易品市场基础等方面的特征，美国碳市场的形成将改变现有的全球碳市场格局，而且市场总值将因此数倍于现有市场。

（3）其他碳交易市场

2011年澳大利亚政府通过了《清洁能源未来法案》，规定2020年在2000年的基础上减排5%的温室气体。为实现这一目标，澳大利亚从2012年7月开始实施“碳定价机制”，主要针对年排放量超过2.5万吨二氧化碳的500多个排放源进行管制，覆盖化石燃料燃烧、工业过程排放、逸散性排放和废弃物排放领域，约占澳大利亚排放总量的50%。碳定价机制计划分两个阶段实施，第一阶段（2012.7~2015.6）为固定碳价阶段，2012年每吨二氧化碳的价格固定为23澳元，之后每年增长2.5%，三年间政府无上限向企业出售配额。第二阶段从2015年7月开始，由固定碳价转为浮动碳价。政府将为碳价设定为一个区间，每吨二氧化碳的价格在此区间内浮动，下限为15澳元并每年增长4%，上限在国际碳价的基础上加上20澳元。尽管由于第一阶段的特征被一些报道称为“碳税”，澳大利亚的碳定价机制实质上还是总量控制与交易机制。“固定碳价”阶段和“浮动碳价”阶段除了在价格形成方式上的区别，其他方面的政策规定也有差异。在“固定碳价”阶段，政府通过以固定价格出售和免费发放两种方式发放配额，其中固定价格出售的配额不能够用于交易或存储，只能用于直接履约，但免费分配的配额可以用于交易，不允许使用国际抵消项目产生的减排量。责任主体须在每年的6月15日前提交75%的配额，并在下一年2月2日之前提交剩下的25%。惩罚金额为固定价格的1.3倍。在“浮动碳价”阶段，责任主体可以通过向政府购买配额、购买一定数量一定类型的国际项目减排量、免费发放和交易等方式获得配额。责任主体须在第二年2月2日前一次性提交全部配额用于履约；允许无限制存储和有限制的预借。惩罚金额是平均市场价格的2倍。

日本2010年4月启动了东京都总量控制与交易体系，是全球第三个总量控制与交易体系，是全球第一个为商业行业设定减排目标的总量控制与交易体系，也是全球第一个以城市为覆盖范围的碳排放交易体系。东京都总量控制与交易体系覆盖范围为工业和商业领域，占东京都总排放的40%。共设立了2个履约期，第一个阶段（2010~2014年）在基准年的基础上减排6%或8%，第二个阶段（2015~2019）在基准年的基础上减排 17%。韩国 2012 年通过了关于开展总量控制与交易的法案，将于 2015 年 1 月开始实施碳交易。

2. 碳市场发展现状

碳交易的发展主要体现在碳交易市场的发展。自碳交易开展以来，全球碳市场的交易量和交易金额迅猛增长，而碳市场内的交易产品和交易形式也日益创新。即便在金融危机和欧债危机严重影响世界经济发展的背景下，欧盟碳排放交易体系的第三阶段仍旧按照计划正式启动。

（1）碳市场规模

自 2005 年《京都议定书》生效以后，碳交易起步发展，并显示了强大的增长势头。2005 年全球碳市场的规模仅为 110 亿美元，但到 2011 年，全球碳交易的规模已经突破 1700 亿美元，短短 6 年间增加了近 17 倍。碳交易的产生使得碳排放权的价值得以体现，并带动了碳市场更快地发展。

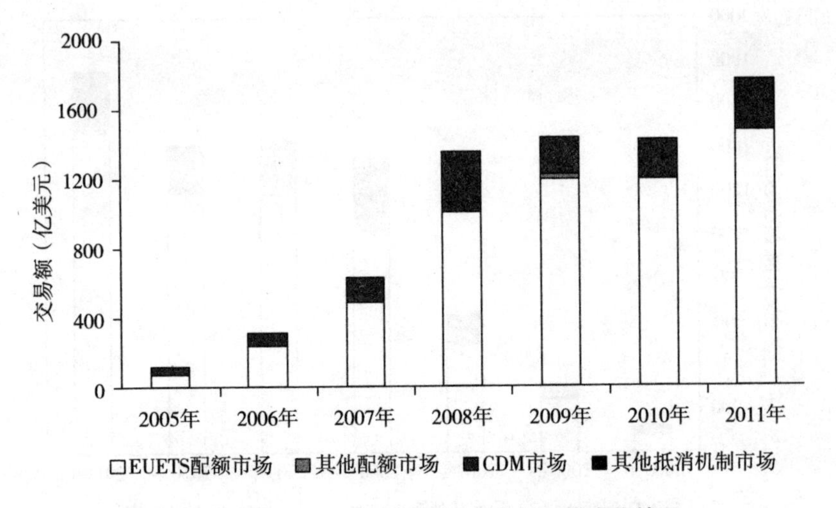

图 3　2005 ~ 2011 年全球碳交易市场规模变化情况

资料来源：根据世界银行《碳市场现状和趋势 2012》的有关数据绘制。

主要发达国家为完成议定书下其国家减排目标，便将目标进一步分配给其国内的排放企业。特别是欧盟，将碳交易作为欧盟整体完成减排目标的一种手段，在其经济区内推动建立了欧盟排放交易体系，形成区域性碳交易市场，很快主导了全球碳市场的发展。美国、澳大利亚、加拿大、韩国等其他国家也正在尝试建立其特有区域性碳交易体系。另一方面，发展中国家通过 CDM 机制，加入到全球碳交易市场的队伍中，为全球温室气体减排和帮助发达国家削减完成减排目标的成本做出了巨大贡献。

(2) 交易产品与形式

碳交易的基本单位是吨二氧化碳当量。交易商品只有经过第三方核定之后才能进入碳市场进行交易，根据其来源不同，目前碳交易商品的种类主要有 AAUs（议定书下的分配数量单位）、RMUs（碳汇产生的减排单位）、ERUs（通过联合履约项目向附件 I 国家购买的减排单位）、CERs（由清洁发展机制项目产生的经认证的减排额度）和 EUAs（欧盟排放权交易体系下的欧盟单位）等。

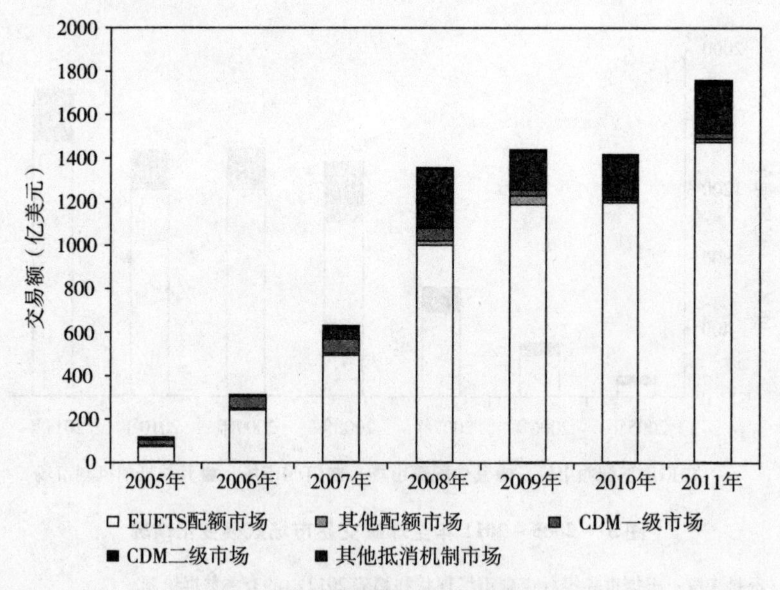

图 4 全球碳交易的市场发展规模

碳交易市场参与方多样。从市场供需来看，来自发达国家、转型国家或发展中国家的清洁发展机制项目开发商、减排成本较低的企业实体、国际金融组织、碳基金、各大银行等金融机构、咨询机构、技术开发转让商等都是市场的供给方，市场主要买家包括国际基金、政府基金、通过商业和发展银行进行交易的买家、通过多边组织进行交易的买家、通过签订双边交易备忘录的买家、欧盟排放交易体制内满足其减排承诺的双边协议、CERs 中间商等。碳市场的强制履约需求者为减排成本较高的企业实体，自愿减排买家则为国际非政府组织、政府、企业和个人等。

从市场结构来看，国际碳市场可以分为强制减排交易市场和自愿减排交易市场。强制减排市场分成两大类，一是基于配额的交易，买家在“总量限额和交易”体制下购买由管理者制定、分配的减排配额；二是基于项目的交易，买主向经证实的减少温室气体排放的项目购买减排额。自愿减排交易是出于诸如企业社会责任、品牌建设、未来经济效益等目标自愿进行碳排放交易的市场。很多非政府组织开发了不少自愿减排碳交易产品，比如关注在发展中国家造林和环境保护项目的 VIVO 计划，气候社区及生物多样性联盟开发的气候、社区及生物多样性标准（CCB Standard），由气候集团、世界经济论坛和国际碳交易联合会联合开发的自愿碳排放标准（VCS）等。

碳金融随着碳交易市场发展而产生，并随这个市场的规模扩大而不断发展，促使碳排放权衍生产品成为具有流动性和投资价值的金融资产。碳金融现货交易工具是指碳排放权的交易，碳金融衍生工具则包括相关的远期、期权、期货、互换和结构化票据等。碳期货和碳期权交易与传统期权和期货交易相比，只是基础资产不同。目前主要的碳期权和碳期货交易品种有：欧洲气候交易所的额碳金融合约、排放指标期货、经核证的减排量期货、排放配额/指标期权、经核证的减排量期权。

欧盟排放交易体系（EU ETS）对全球碳交易具有举足轻重的作用。

2011 年 EU ETS 的市场交易规模达 1478 亿美元，占全球碳交易总额的 84%。如果算上 EU ETS 从 CDM 项目购买的核证减排量（CER），EU ETS 对全球碳市场交易额的影响将超过 96%。EU ETS 的一个显著特点就是碳商品[①]的迅速金融化，欧洲气候交易所在 2005 年成立之初就开始提供 EUA 和 CER 期货交易服务，2007 年产品范围扩展到 EUA 和 CER 现货合同、期货交易、远期合约和期权合约等。根据世界银行 2010 年发布的全球碳市场发展报告，欧盟碳市场 2009 年总交易额中，期货交易占据了 73%。

（3）欧盟碳交易体系启动第三阶段

全球金融危机和欧洲债务危机严重影响主要经济体的经济发展速度，各国能源消费需求大幅降低，碳排放量大幅减少，国际碳市场的价格一路走低。作为全球碳交易的主要支柱，欧盟排放交易体系 2008 年的 EUA 市场价格最高点接近 30 欧元/吨二氧化碳，接连发生的经济危机使得欧盟排放交易体系的供给大大超过了需求，EUA 市场价格不断下滑，至 2012 年 12 月，EUA 价格已经跌破 6 欧元/吨二氧化碳，不足 2008 年最高价格的 20%。

尽管如此，欧盟以“碳交易”为核心的应对气候变化的内政和外交政策没有改变。欧盟仍将按照计划于 2013 年开始 EU ETS 第三阶段（2013 ~2020 年），并针对金融危机导致的问题提出了针对性的救市措施，包括将欧盟 2020 年控排目标从现有的下降 20% 提高到下降 30%（相比 1990 年水平）以降低市场供给量、适当扩大排放交易体系覆盖行业范围（如运输用燃料）、限制或禁止使用 CDM 市场的核证减排量、实施最低价格控制等。

---

① 欧盟排放交易体系允许交易的“碳商品”现货包括欧盟排放配额（EUA）、CDM 项目的核证减排量（CER）以及 JI 项目的减排单位（ERU）等。

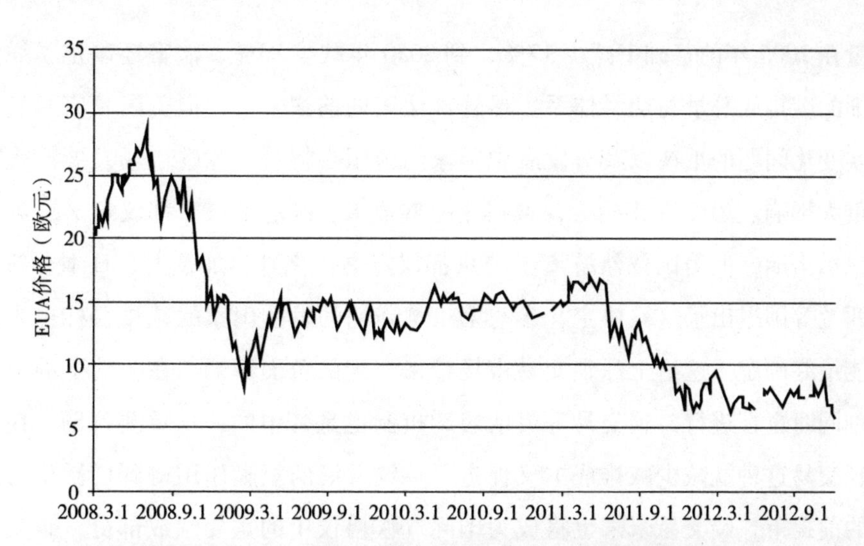

图 5　2008 年 3 月以来 BlueNext 交易所 EUA 现价变化趋势

数据来源：BlueNext 交易所（http：//www. bluenext. eu/statistics/downloads. php）。

三、碳交易的发展趋势及影响

1. 碳交易的发展趋势

随着《京都议定书》第一承诺期结束，碳交易的未来发展一方面取决于 2012 年后国际气候协议的相关内容制定。尽管 2012 年以后的国际减排协议尚未达成，但近年来各国政府对气候变化问题日益重视，发达国家和发展中国家纷纷公布 2020 年减排目标。其中欧盟各成员国于 2007 年 2 月就减少温室气体排放最终达成一致：保证到 2020 年将温室气体排放量在 1990 年的基础上至少减少 20%，使欧盟经济进一步向高能效、低排放模式转型。2009 年 6 月已经获得众议院通过的《美国清洁能源安全法案》也设定了美国的碳减排目标，规定美国到 2020 年将使温室气体排放量在2005年的基础上减少17%，到2050年减少83%。法案还制定了详细的碳排放总量与交易体系。尽管该法案的前途未卜，但美国政府对气候变化问题的重视以及对发展中国家的施压必将对全球碳市场发展产生重大影响。2012年多哈会议取得了一些成果，确定了《京都议定书》第二承诺期，但美国依然游离于《京都议定书》之外，加拿大、日本、新西兰等国退出了这一协定，参与第二承诺期的发达国家的减排目标也未能最终确定，这给全球碳交易市场带来一定的负面影响。在公约下的谈判同时也在进行，碳交易等灵活履约机制也是其中的一项重要议题。在碳交易这种既减少减排成本又促进可持续发展的双赢作用得到广泛认可的前提下，碳交易未来也将成为国际气候协议中的重要组成部分，碳交易的制度也将随之不断进化。

表2　　　　附件I缔约方中期减排目标

附件I缔约方	2020年减排目标	基准年
澳大利亚	-5%（无条件）； -15%（达成全球协议，但不能保证浓度稳定在450ppm，主要发展中国家显著抑制排放，发达国家可比减排）； 或-25%（达成浓度稳定在450ppm的全球协议）	2000
白俄罗斯	-5%~-10%，前提是加入《京都议定书》灵活机制、加强技术转让和能力建设等	1990
加拿大	-17%，此目标与美国国内立法结果挂钩	2005
克罗地亚	临时性-6%，以加入欧盟后按照欧盟内部的要求为准	1990
欧盟	-20%（无条件）； -30%，达成全球协议，其他发达国家做出可比减排以及发展中国家在其责任和能力下做出足够贡献	1990
冰岛	-30%，与欧盟共勉，达成全球协议，其他发达国家可比减排以及发展中国家在其责任和能力下做出足够贡献	1990
日本	-25%，前提是有主要国家加入的、并承担雄心勃勃目标的国际协议	1990

续表

附件 I 缔约方	2020 年减排目标	基准年
哈萨克斯坦	-15%	1992
列支敦士登	-20%（无条件）； -30%，达成全球协议，其他发达国家可比减排以及发展中国家在其责任和能力下做出足够贡献	1990
摩纳哥	-30%	1990
新西兰	-10% ~ -20%，条件是达成全球协议，其内容为升温控制在 2℃，发达国家减排可比，先进的、排放大的发展中国家按照其能力采取减排行动	1990
挪威	-30%； -40%，主要排放国加入的全球协议，减排目标能够使温升在 2℃之内	1990
俄罗斯联邦	-15% ~ -25%，合理计算俄罗斯森林碳汇量和其他排放大国也承担有法律约束力的减排义务	1990
瑞士	-20%； -30%，达成全球协议，其他发达国家可比减排以及发展中国家在其责任和能力下做出足够贡献	1990
乌克兰	-20%，附件 I 国家承诺按照议定书 3.1.3 条计算的具有法律约束力的定量减排指标，将乌克兰作为 EIT 国家对待，保留议定书的灵活机制，以 1990 年作为唯一的基准年	1990
美国	-17% 左右，以国内能源和气候立法的结果为准。立法还将包括 2025 年减排 30%、2030 年减排 42% 和 2050 年减排 83% 的目标	2005

表 3　　部分非附件 I 缔约方国家减缓行动

非附件 I 缔约方	减缓行动	条件和备注
巴西	到 2020 年温室气体排放相对于 BAU 减少 36.1% ~38.9%，包括减少毁林、恢复草场、农作物和畜牧复合系统、生物固氢、提高能效、增加生物燃料、增加水电、替代能源、钢铁部门等措施	是自愿的自主减缓行动，并依据公约第 4.7 条，取决于发达国家资金和技术转让的支持。按照公约 12.1（b）等相关条款提供此信息

续表

非附件Ⅰ缔约方	减缓行动	条件和备注
南非	到2020年温室气体排放相对于BAU减少34%，到2025年减少42%，2020~2025年达到峰值并保持10年，随后绝对量下降	依据公约第4.7条，取决于发达国家资金和技术转让的支持。按照公约第12.1（b）等相关条款提供此信息
印度	相对于2005年，到2020年将GDP排放强度（不包括农业排放）降低20%~25%	按照国内立法的要求实施，并依据公约第4.7条，取决于发达国家资金和技术转让的支持。按照公约第12.1（b）等相关条款提供此信息
中国	到2020年使单位国内生产总值二氧化碳排放比2005年下降40%~45%，非化石能源占一次能源消费的比重达到15%左右，森林面积比2005年增加4000万公顷，森林蓄积量比2005年增加13亿立方米	是自愿的自主减缓行动，并依据公约第4.7条，取决于发达国家资金和技术转让的支持。按照公约第12.1（b）等相关条款提供此信息
韩国	到2020年温室气体排放相对于BAU减少30%	
墨西哥	根据墨西哥《2009气候变化特别方案》，到2012年将排放总量相对于BAU情景减少5100万吨二氧化碳当量，到2020年相对于BAU情景减少30%	全球协议中规定有发达国家充足的资金和技术支持
新加坡	到2020年将排放总量相对于BAU情景减少16%	有法律约束力的全球协议，并且各国有诚意地去履行义务
马绍尔群岛	到2020年将二氧化碳排放相对于2009年减排40%	取决于足够的国际支持
摩尔多瓦	通过全球市场机制，在1990年基础上温室气体减排至少25%	
以色列	到2020年将排放总量相对于BAU情景减少20%	
哥斯达黎加	到2020年实现碳中和	
马尔代夫	到2020年实现碳中和	自愿的、无条件的

对2012年之后全球碳市场的发展趋势，世界银行2010年6月发布的报告预测：2012年之后碳市场的供需和市场潜力，不仅取决于全球经济恢复的步伐，更取决于各国的气候政策和国际谈判的结果，尤其是美国的气候变化立法。如果美国的法案获得通过，将产生28.5亿吨的碳信用需求。根据碳领域分析和预测先驱电碳公司的研究，若美国也加入碳排放交易系统，预计2020年美国将占市场份额的67%，交易额将达到1125万亿欧元，而EU ETS交易体系将占市场份额的23%左右，2020年美国和欧洲总的碳交易量将分别达到380亿吨和90亿吨。根据该研究预测，2020年全球二氧化碳交易市场规模可达到3114万亿美元；美国立法引入“碳限额与交易制度”将从根本上改变全球的碳市场，造就和欧洲竞争的美国市场。美国凭借在金融、信息和法律领域的技术优势，开始在全球布局碳交易市场，已经成为掌握碳交易话语权的国家。欧盟一直在和美国争夺全球碳定价权的主导地位。

发达国家围绕碳减排权，已经形成了碳交易货币及包括直接投资融资、银行贷款、碳指标交易、碳期权期货等一系列金融工具为支撑的碳金融体系，大大推动了全球碳交易市场的价值链分工。而在这个庞大的碳交易市场背后，也孕育着货币霸权的争夺。众所周知，一国货币要想成为国际货币甚至关键货币，通常遵循计价结算货币—储备货币——体化主导货币的基本路径，而与国际大宗商品，特别是能源的计价和结算绑定权往往是货币崛起的起点。虽然美国金融资本控制了世界上主要的碳交易所，但由于碳交易的主要交易方在欧盟，欧元是碳现货和碳衍生品交易市场的主要计价、结算货币，欧元将有机会挑战美元的霸主地位。但美国绝不甘心丧失在世界货币领域的统治地位，华尔街的金融家们正在构建并主控全球范围的碳交易市场，试图取代区域化性质的欧盟碳市场。后京都时代美欧碳金融市场的竞争格局将可能会发生转变。

此外，虽然EU ETS、CDM和JI市场低迷，但碳交易作为以低成本促进减排温室气体的市场工具，却得到了实践证明，越来越多的国家包括发展中国家支持和鼓励采用这一机制，并制定了相应的政策法规，建立了自己的碳交易市场。在主要发达国家的支持下，由世界银行牵头负责，亚洲开发银行参与，碳市场伙伴计划进入实质性实施阶段，目前已有中国、印度、泰国、印尼、越南、巴西、墨西哥、哥斯达黎加、哥伦比亚、智利、秘鲁、土耳其、乌克兰、南非、约旦和摩洛哥等16个国家被批准加入这一计划。该计划将帮助这些国家建立自己的碳交易市场，作为这些国家执行其温室气体减排政策、实现政策目标的工具。这些碳交易市场大部分要到2015年以后才能建成并付诸实施。

韩国和澳大利亚在发展碳交易市场方面的动作也值得关注。韩国立法机构于2012年5月批准了韩国的碳排放配额分配和交易法案，确定从2015年1月1日其开始碳交易。澳大利亚2012年7月1日起开始执行其碳市场计划，第一阶段执行固定碳价机制，第二阶段执行自由的碳交易机制。2012年8月，澳大利亚和欧盟签署协议，决定从2015年开始连接欧盟和澳大利亚的两个碳交易体系。这些进展显示了碳交易市场的发展后劲，为碳交易的发展带来了利好消息。

2. 对全球经济格局的影响

全球经济一体化是当今时代的主流，低碳发展是气候变化背景下全球经济发展的必然选择。作为实现低碳发展的先锋军，碳交易将向着更加宽广的领域发展，并对未来的全球经济格局产生更加深远的影响。

第一，碳金融将推动形成新的全球金融竞争格局。碳排放权是天然的金融产品，碳交易自产生的第一天就形成了碳金融，其对应的结算货币将随着全球碳市场的迅猛发展可能变成一种国际通行的货币单位。欧盟在碳金融形成之初，就提出了将欧元作为其碳排放配额的标准结算货币，凸显出“脱美元化”动向，进一步推动欧元和美元在国际货币体系中的分庭抗礼之势。美国为了保持其优势地位，提出将其最新的“总量控制与交易体系”与欧盟主导的欧盟排放交易体系的直接对接，从而为碳交易结算货币的美元化铺路。日本、澳大利亚同样提出将该国的货币作为碳交易的主要结算货币。我国也早在2008年宣布增加人民币作为CDM市场的价格单位。围绕碳金融的货币战争愈演愈烈，必将对未来的金融竞争格局产生重要影响。

第二，碳交易将改变全球经济竞争格局和产业发展布局。碳交易借助市场的优化配置作用，对经济产业发展做出了截然不同的选择。随着碳交易的日益全球化发展，重点行业的碳排放基准线标准趋于统一化，将对全球产业格局产生重要而深远的影响。低耗能、低排放产业将拥有更强的竞争力，高耗能、高排放产业则将在全球经济一体化的大趋势下逐渐失去竞争优势，最终将面临被淘汰出局的命运。在碳交易的影响下，全球各国都面临着新的机遇和挑战，积极研发低碳技术、发展低碳产业的国家将在未来国际竞争中占据越发明显的优势，裹足不前的国家将逐渐陷于被动地位，全球经济竞争格局和产业发展布局将因此面临重大调整。

第三，碳交易将对全球贸易格局产生变革。随着碳交易的深入开展，“碳关税”“碳壁垒”等概念被逐步提出。欧美发达国家提出将按照出口至该国产品的碳含量征收“碳关税”，本质上是一种新的贸易保护主义。发展中国家的产品进入发达国家将面临新的“碳壁垒”，发展中国家将面临巨大的贸易损失。欧盟早在2008年就提出将于2012年开始征收航空碳税，任何经停欧盟地区的飞机的碳排放必须满足欧盟的排放标准，超过标准的飞机必须购买欧盟的碳排放配额，否则将面临高额的罚款。欧盟的举动虽然因受到全球的抵制而暂时停止，但其未来继续推动实施航空碳税的行动不会停止。航空碳税事件清晰表明，碳交易将会在未来推动全球贸易格局更深一步变革。

3. 对全球气候变化谈判的影响

气候变化的实质是发展问题，气候谈判的实质是全球各国对生存和发展空间的争夺。历史经验表明，国际气候谈判能否取得成效取决于国家利益和全球共识之间的取舍和平衡，没有任何权威可以完全主导谈判进程，传统的强权政治和军事力量对气候问题无能为力。应对气候变化需要全球各国的共同参与和多边合作，缺少排放大国参与的任何气候协议的效果都将大打折扣，反对联盟往往能在气候谈判中扮演关键角色。正因为如此，全球范围内形成了以经济和地缘为主要特征的利益集团，并且在经济政治利益的驱使下不断分化和组合。

第一，碳交易在全球气候谈判议题中的重要地位将得以延续。碳交易起源于气候变化，随着气候变化谈判的发展而经历了不断的变化，碳交易的形式由最初的京都灵活机制逐渐发展至碳交易现货市场和碳金融市场，碳交易的产品类型也不断丰富和完善。随着碳交易的普遍实践，气候谈判各方共同认可碳交易在协助各方完成目标、促进经济社会可持续发展中的重要作用，并提出进一步调整和完善其制度安排。可以预料，未来碳交易的产品和交易形式将随着气候谈判的发展而不断创新，碳交易的规则和技术标准也将随着气候谈判的发展而不断完善。

第二，碳交易将成为主要国家开展谈判的重要筹码。由于美国拒签《京都议定书》，欧盟借机成为全球气候变化的领导者。欧盟借助其排放交易体系的成功，不断向其他国家施压。2008 年，欧盟提出了 2020 年温室气体排放量比 1990 年减排 20% 的目标，碳交易正是实现该目标的关键途径。欧盟在随后的国际气候谈判中不断推动其他国家做出新的减排承诺。欧盟在其他国际经济谈判中还不断借碳交易之名而推行新的行业标准和技术标准。其他主要国家参照欧盟的做法，纷纷开始建立各自的碳交易体系，目的正是在未来的经济竞争和政治谈判中占据一席之地。可以想象，未来围绕碳交易而开展的国际谈判将会日趋激烈，碳交易也将成为主要国家未来开展谈判的重要筹码。

四、我国探索开展碳交易的重大意义

1. 开展碳交易的必要性

碳交易产生于全球开始谋求共同应对气候变化时期，发展于建设低碳经济的浪潮中，未来将在全球经济一体化的大环境下对世界经济和气候变化谈判格局产生深远影响。我国作为全球主要的经济体和主要的排放大国，对外要参与全球竞争，排解巨大的国际减排压力，对内要转变经济发展方式，缓解资源环境压力，需要积极探索开展碳交易。

第一，从全球来看，低碳发展是时代发展的潮流，碳交易是低碳背景下产生的重大制度创新，我国需要顺应时代潮流，实践制度创新。经济全球化已经成为时代的主题，低碳经济是继工业经济、信息经济、知识经济以来产生的一种新的经济形态，代表着当今世界先进生产力和先进文化的发展方向，是当今时代发展的新潮流。新的经济形态要求有新的制度，碳交易正是在低碳背景下产生的一种新的市场经济制度。第二次世界大战以来，美国、西欧等国家对市场经济制度进行了大量的创新。美国着力发展信息经济、知识经济，依靠其强大的科技实力，一直占据世界经济的主导地位。西欧国家将市场经济和社会政策融汇起来，产生了社会市场经济制度创新，这一重要创新促成了战后西欧国家经济的迅速恢复。以欧元为代表的欧盟经济一体化，使得欧盟在当今世界经济格局中占据了显著的位置。碳交易的出现，使得人类首次将完整的环境资源作为一种可交易的商品纳入到市场体系，尽管产权理论早已出现，但是产权交易制度从最初的商品产权交易发展到要素产权交易和知识产权交易，最终发展到环境产权交易，这是现代市场经济制度的重大创新，也是和人类的社会进步和生产力发展相适应的。我国作为世界经济大国，必须适应时代发展潮流，努力追赶世界先进生产力的前进方向，大力发展低碳经济，积极开展碳交易。

第二，低碳发展是构建国际经济政治新秩序的道义制高点，碳交易是展示国家形象的新标签，我国需要把握有利时机，积极参与国际新秩序构建，提升国家形象和国际地位。国际金融危机和欧盟债务危机之后，国际政治经济秩序酝酿新一轮调整。面对全人类的共同挑战，应对气候变化、化解能源危机、保障生态安全已经深刻地影响着人类的发展观念和各国的外交形象，低碳发展已经成为各国构建国际经济政治新秩序的道义制高点，将影响各国在未来全球政治经济格局中的地位。我国作为联合国常任理事国和全球第二大经济体，温室气体排放总量位居全球第一，在国际气候谈判中面临巨大压力。我国应该把握低碳发展良机，以更加积极的姿态参与构建国际经济政治新秩序，以更加积极的行动抢占低碳发展的道义制高点。碳交易已经成为各国积极发展低碳经济、应对全球危机的外交名片和国家标签。我国应积极开展碳交易，树立负责任大国形象，提升国际地位，在国际气候谈判中化被动为主动，争取未来排放空间，积极参与和影响碳交易国际规则制定。

第三，低碳发展将向全球各领域渗透，碳交易是未来全球竞争的重要渠道，我国必须融入全球发展进程，主动参与制定国际规则。全球一体化的发展潮流已经不可逆转，低碳发展理念已经深入人心，低碳发展正以前所未有的速度向世界各领域渗透。我国作为全球第二大经济体，必须融入全球发展进程，加强与各经济体的良性互动。我国产业发展依然落后，在国际经济竞争中仍然处于弱势地位，极易受到“碳关税”等新型贸易保护主义的影响，故我国必须借助低碳发展良机，加快转变经济发展方式，加速产业结构优化升级，努力提升产业竞争力；我国必须借助碳交易这一重要渠道，积极参与制定国际行业规则，提升我国未来在行业标准、技术标准制定中的话语权。

第四，碳金融是国际金融制度的重要创新，我国必须及早发展碳金融，抢占未来金融竞争的制高点。历史经验表明，每一次重大的经济危机，常常引发一场新的科技革命，而每一次新的革命，又将成为新一轮经济增长和繁荣的重要引擎，工业革命、信息革命无不如此。国际金融危机和欧盟债务危机的发生，是金融经济发展和实体经济发展越来越脱离的必然结果。金融危机和次贷危机的发生，也将孕育着新的金融革命。碳排放权是天然的金融产品，碳金融的出现是金融经济的重要创新，碳金融成为了金融创新中虚拟经济发展和实体经济发展的一个重要结合点。因此，碳金融将是国际金融危机之后全球金融经济的一个新的增长点。面对危机之后出现的重大变革，我国必须抓住机会，积极主动地开展碳金融，在未来的金融竞争中形成自己的话语权，争取使人民币成为国际标准结算货币，抢占未来金融竞争的战略制高点。

第五，从国内看，低碳发展是实现科学发展的突破口，碳交易是转变经济发展方式、调整产业结构的重要抓手。党的十八大报告指出，“以科学发展为主题，以转变经济发展方式为主线，是关系我国发展全局的战略抉择。要适应国内外经济形势新变化，加快形成新的经济发展方式，把推动发展的立足点转到提高质量和效益上来……推进经济结构战略性调整是加快转变经济发展方式的主攻方向”。低碳发展是和科学发展相适应的，其实质就是在低消耗、低排放、低污染的同时实现经济发展的高质量、高效益、高产出，最终目标是实现经济、社会、环境的全面协调和可持续发展。因此，低碳发展是实现科学发展的突破口，而碳交易不仅是转变经济发展方式的有效手段，也将成为调整产业结构的重要抓手。

第六，低碳发展是建设生态文明的重要途径，碳交易是建设生态文明的重要制度保障。党的十八大报告指出，"建设生态文明，是关系人民福祉、关乎民族未来的长远大计。面对资源约束趋紧、环境污染严重、生态系统退化的严峻形势，必须树立尊重自然、顺应自然、保护自然的生态文明理念，把生态文明建设放在突出地位，融入经济建设、政治建设、文化建设、社会建设的各方面和全过程，努力建设美丽中国，实现中华民族的永续发展"。发展低碳经济是和建设生态文明是相适应、相一致的，低碳经济是建设生态文明的重要途径，碳交易制度则是建设生态文明的重要制度保障。

2. 开展碳交易的现实意义

我国开展碳交易不仅十分必要，而且能够对现阶段工作起到重要的推动作用。

第一，有利于缓解巨大的气候变化国际谈判压力。我国近年来温室气体排放量增速很快，在气候变化国际谈判中面临越来越大的压力。随着2011年联合国应对气候变化大会上"德班平台"的建立，2020年后我国极有可能要承担定量减排的责任。如果不尽快开展碳交易，仅靠当前以行政手段为主的节能减排工作，我国将处于越发被动的局面。积极通过开展碳交易实现控排目标，我国便可以变被动为主动，缓解气候变化国际谈判压力。

第二，有利于以较低成本实现既定的控排目标。尽管我国仍然是发展中国家，在联合国《京都议定书》下无须承担定量减排责任，但是基于我国自身经济社会可持续发展的必然要求，我国已经向国际社会做出了2020年单位生产总值二氧化碳排放比2005年下降40%～45%的庄严承诺，并将单位生产总值能耗下降16%和单位生产总值二氧化碳排放下降17%作为约束性指标纳入到"十二五"规划。在全国节能减排工作已经深入开展情况下，完成上述目标无疑是相当困难的，成本也将是非常高昂的。通过建立碳交易制度，在既定控排目标下允许交易，充分发挥市场配置资源作用，有利于以较低成本实现既定控排目标；换言之，通过开展碳交易，在既定的控排目标下，可以形成产业结构转型、能源结构转型、技术进步的倒逼机制，有利于实现更大的经济效益。因此，积极探索利用碳交易市场机制低成本实现控排目标是我国的必然选择。

第三，有利于促进我国的能源安全和能源清洁发展。随着经济快速发展，我国能源安全受到严重挑战，我国的能源消费量已从2000年的14.5亿吨标准煤快速增长到2011年的34.8亿吨标准煤。同时，我国能源结构的高碳化特征明显，煤炭的比重长期保持在70%左右，而世界平均水平在30%以下。为保证我国的能源安全，需要控制能源消费总量，同时需要转变以煤为主的能源消费结构。开展碳交易有利于促进上述目标的实现：一方面，碳交易将以更少的资源消耗换来更大的经济效益，即在同样的经济收益下消耗较少的能源，从而促进我国能源安全；另一方面，碳交易可以使清洁能源相比于高碳能源形成相对的价格优势，从而促进清洁能源的发展。

第四，有利于带来环境保护的协同效应，缓解区域环境污染。我国的区域环境污染非常严重，全国2/3以上的城市空气质量不达标。严重的污染主要是由煤炭燃烧和落后的生产工艺造成的。碳交易通过推动降低能源消耗量、提升清洁能源比重、提高能源利用效率、促进生产工艺升级，将有效减少由化石能源消费引发的环境污染问题和生态破坏问题，带来环境保护协同效应。

第五，有利于完善我国的节能减排管理模式。长期以来，我国主要依靠行政手段推进节能减排工作。节能减排工作在取得积极成效的同时，也导致了政府管理工作任务繁重、社会总体成本较高、政策决策的科学性相对较低以及企业对行政管制的规避动机较强等问题。更多地采用经济手段是未来开展节能减排工作的大势所趋。碳交易是一种基于市场机制的管理手段，是对我国现有节能减排的管理体制的重要创新，通过市场的资源优化配置作用，碳交易可以引导企业自主进行减排，政府则可以从繁杂的具体事务管理中抽离，转到从事市场管理上来。

第六，有利于推行形成新的绿色经济增长点。走“高科技、高附加值、低消耗、低污染”的新型工业化道路，挖掘新的经济增长点是当前地方经济工作的重中之重。开展碳交易，有利于促进节能环保产业、新能源产业等战略性新兴产业的快速发展，有利于推动高耗能行业的低碳转型和技术创新，有利于带动碳金融、碳审计、碳咨询等新兴服务业的发展，有利于促进全社会向节能低碳领域进行投资。

第2章

碳交易的理论分析与制度特征

碳交易产生的时间不长，仍属新生事物。目前学术界对碳交易概念缺乏统一界定，对碳交易的制度特征与制度框架也鲜有全面深入的研究，而这些恰恰是开展碳交易制度设计的重要基础。本章将在对碳交易概念进行界定的基础上，对碳交易的产生进行理论分析，进而总结碳交易的本质和优缺点，分析碳交易的制度特征，研究提出碳交易制度的理论框架，最后建立碳交易制度主体关系分析模型，用于分析碳交易的交易模式和相应的交易规则。

一、碳交易的基本概念和基本原理

1. 概念界定

碳交易（也称碳排放权交易、碳排放交易）是政府为完成控排目标而采用的一种政策手段，指在一定空间和时间内，将该控排目标转化为碳排放配额并分配给下级政府和企业，通过允许政府和企业交易其排放配额，最终以相对较低的成本实现控排目标。

上述碳排放配额（也称碳排放权、碳排放指标）是下级政府和企业从上级政府获得的一定时期内的碳排放量限额指标。从法学的角度看，碳排放权不是下级政府和企业向大气中排放二氧化碳的权利，也不是它们对二氧化碳排放容量空间的所有权，而是它们对碳排放容量空间的使用权。主要原因在于，二氧化碳容量空间是典型的公共物品，任何个体都有使用这种容量空间的权利，但是这种空间不归任何个体所有。由于全球碳排放容量空间是有限的公共物品，政府作为公共事务的管理者，有必要对其进行管理，通过控制下级政府和企业的碳排放，使该政府管辖区域范围内的碳排放总量不超过容量限值。因此，政府分配碳排放权实际上是为下级政府和企业规定了其对碳排放容量空间的使用权，它是一种财产性权利，包括了下级政府和企业对碳排放容量空间的占用权、使用权和收益权。由于政府也负有控制碳排放量的责任，故为降低其实现目标的总体成本，在一定条件下政府也可以参与碳交易。

碳交易的政策目标是通过一系列制度安排，实现个体激励和整体利益取向一致，在既定的碳排放空间约束下，个体寻求利益最大化的同时推动整体利益最大化，从而实现全社会对日益稀缺的碳排放空间的合理利用。对某一层次的主体而言，通过开展碳交易，可以低成本实现控排目标，即在既定控排目标约束下实现更大的经济效益。一方面，由政府作为公共利益代表强制性把碳排放权（即控排目标）分解到各层主体，把碳排放空间这种“公共品”的使用权向各个层面的主体实行“私有化”，赋予碳排放空间这种“生产要素”经济价值，调动各方主体有效合理利用碳排放空间的内在积极性；另一方面，允许在一定规则下交易碳排放权，通过市场优化配置资源来推动既定数量的碳排放权产生最大的经济效益。

2. 基本原理

政府为下级政府和企业分配碳排放量控制目标，下级政府和企业为了实现碳排放量控制目标，需开展减排活动。以工厂为例，由于不同地区、不同行业、不同技术水平和管理水平的差异，工厂的减排成本将存在差异。假设全社会仅包括工厂1和工厂2两家工厂，工厂1的碳减排成本MC1（例如MC1 = 400）低于工厂2的减排成本MC2（例如MC2 = 1000），工厂1和工厂2分别需减少二氧化碳排放量为N1和N2。因此，在未开展碳交易的情况下，全社会的减排成本MC = MC1 · N1 + MC2 · N2（图6）。如果允许工厂2的部分减排任务（例如ΔN）转由工厂1实现，此时全社会的减排成本MC * = MC1 ·（N1 + ΔN）+ MC2 ·（N2 - ΔN），因此全社会的减排成本将降低ΔMC =（MC2 - MC1）· ΔN。

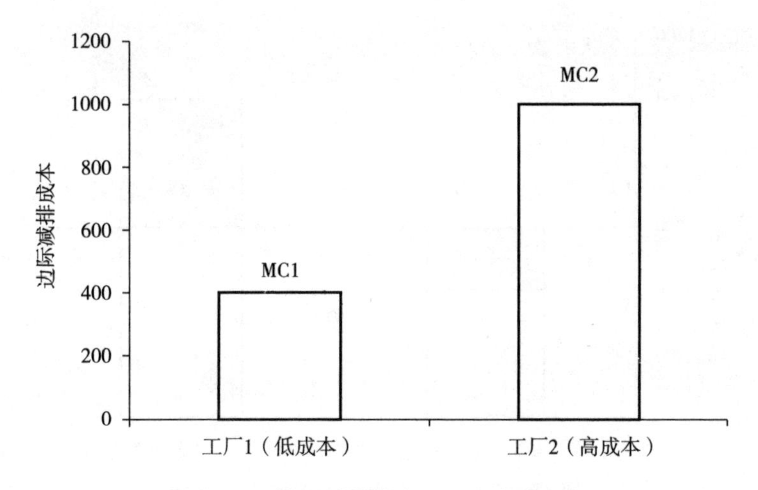

图6　工厂边际减排成本（不考虑碳交易）

上述交易过程实际上将使工厂1的碳排放量进一步降低ΔN，而允许工厂2的碳排放量增加ΔN，因此政府原本分配给工厂1的碳排放配额空闲了ΔN，而工厂2的碳排放配额缺少了ΔN，同时工厂1的减排成本将上升MC1 · ΔN，工厂2的减排成本将下降MC2 · ΔN。

为实现上述减排成本降低过程，工厂2需对工厂1进行补偿，同时工厂2也需要购买足够的碳排放配额以完成对政府的履约。为此，工厂2需以价格P向工厂1购买碳排放配额ΔN（图7），且MC1≤P≤MC2（例如P

=600)。因此，工厂1实际将获利 $\Delta MC1 = (P - MC1) \cdot \Delta N$，工厂2实际的成本实际降低了 $\Delta MC2 = (MC2 - P) \cdot \Delta N$，并且 $\Delta MC = \Delta MC1 + \Delta MC2$，这样便完成了全社会的减排成本降低值 ΔMC 在工厂1和工厂2之间的分摊。

因此，上述交易的实质是允许减排成本低的企业多减排，进而以相对高的价格出售省下来的碳排放配额而获利；同时允许减排成本高的企业少减排，转而以相对低的价格购买碳排放配额，从而降低实现目标的减排成本。从社会总体的角度来看，碳交易相当于在实现社会总体控排目标的同时降低了实现整体控排目标的成本，反过来说是在既定的整体控排目标下，实现更大的整体发展利益。

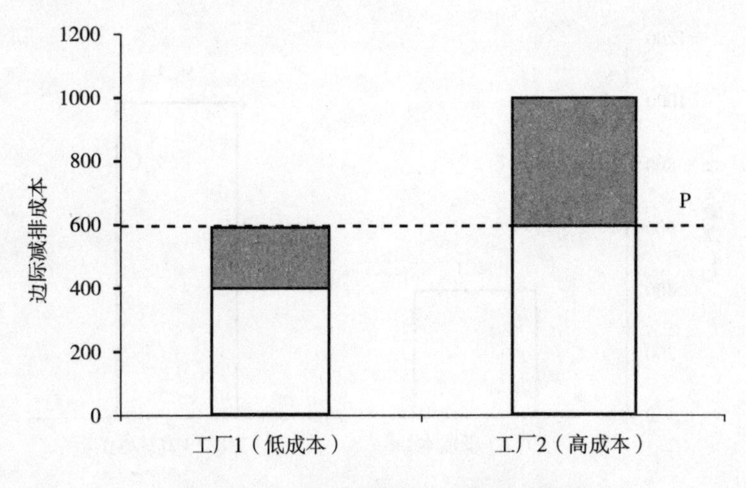

图7　工厂边际减排成本（考虑碳交易）

二、碳交易的理论分析

从碳交易基本原理已经可以看出碳交易能够在降低成本的同时完成

控排目标[①]。本节将综合运用环境经济学、公共物品理论、外部性理论、科斯定理、政治经济学的价值理论及地租理论等理论，对碳交易这种市场机制的形成机理进行分析，首先分析碳交易的主体和标的，然后对交易标的的产生、分配、交换、消费（使用）等四个环节进行分析。

1. 碳交易的主体和标的

为了确定碳交易的主体和标的，首先需要对控制碳排放以及利用全球碳排放容量空间这两种行为进行分析。碳排放是企业在生产过程中由于燃烧化石燃料等原因向大气中排放二氧化碳的过程，同时也是人类生活中为满足自身需求而向大气中排放二氧化碳的过程。因此，人类活动是产生碳排放的根源，而人类活动排放的二氧化碳将占用全球的碳排放容量空间。因此，利用碳排放空间这种行为的主体同样是企业和个人。而控制碳排放和利用碳排放空间实际上是相通的，它们拥有共同的主体——企业和个人，它们同样拥有的共同目标，即控制碳排放的目标和碳排放容量空间上限的目标实际上是可以相互转化的。所以，我们可以仅对如何利用碳排放空间进行分析，为此需要对碳排放空间的特点进行进一步分析。

在应对气候变化的背景下，全球碳排放的容量空间是有限的，与污染物的环境容量的概念相似，全球碳排放空间的有限性使其成为稀缺资源。从环境经济学的角度看，这种资源是具有使用价值的。除此之外，碳排放空间还具有一般公共物品的特征：第一，非竞争性。个人向大气中排放二氧化碳、占用全球碳排放容量空间并不影响其他人同时向大气中排放二氧化碳并占用碳排放容量空间。第二，非排他性。个人在占用

① 实际上，国外理论界已经完整地证明了市场机制能够实现降低减排成本和完成减排目标的双重目标。

全球碳排放容量空间的同时，并不能阻止其他人占用这一空间。因此，碳排放容量空间是典型的公共物品，它为全球所共有，而且任何个体都只能占有和利用这种容量空间，但是却没有个体拥有对这种容量空间的所有权。

同时，碳排放行为具有外部不经济性，企业（和个人）在排放二氧化碳、占用碳排放容量空间的同时未付出相应成本，但却因此受益。这种外部不经济性的存在将导致碳排放容量空间的过量、无效率的使用。因此，需要限制企业的过度排放行为，对全球碳排放容量空间的使用权进行更加合理的配置，这些需要由公共利益的代表——政府，从公共利益角度出发，制定相应规则并实施管理。

要通过市场交易的形式实现控排目标，实现碳排放容量空间的有效利用，政府、企业和个人都将是考虑纳入的主体。由于企业和个人的数目庞大，为了保证市场的效率，可以仅把部分主要排放企业作为主体进行单独考虑，而其他的排放企业和个人可以合并考虑，由它们所在地方政府进行统一管理。

综上所述，碳市场的主体应包括政府[①]和企业[②]两类，市场交易的标的应该是上述主体对碳排放容量空间的使用权。

2. 碳排放空间的商品化

根据马克思主义政治经济学理论，价值是无差别的一般人类劳动的凝结，商品是使用价值和价值的统一。作为公共产品，碳排放空间一般只具有使用价值而不具有价值，因此碳排放空间在通常情况下不是商品。但是，如果能够通过劳动对碳排放空间赋予价值，碳排放空间在某些特

---

① 包括上级政府和下级政府（地方政府），下级政府代表了小型企业和个人。

② 主要指重点排放企业，实际上非重点排放企业、金融投资机构和个人也可以以特殊身份参与。

定条件下便可能成为商品而被交易。

前已述及，为了对碳排放容量空间的使用权进行有效配置，需要由政府管理碳排放容量空间，因此政府将首先获得对碳排放容量空间使用权的垄断。按照政治经济学的地租理论，下级政府和企业如果获得这种碳排放容量空间的使用权，需要将其超额剩余价值转化为“绝对地租”，此时碳排放容量空间便拥有了价值。

值得指出的是，马克思的绝对地租理论是由于土地私有权垄断产生的。但是，全球碳排放空间是典型的公共物品，政府对这种公共物品的垄断不是私有权垄断，仅是得到了对这种公共产品的使用权和支配权，因此在向下级政府和企业分配使用权的过程中，下级政府因代表公众利益将免费获得对碳排放空间的使用权，而企业也有可能免费获得碳排放空间的使用权，“绝对地租”没有完全得到体现。

3. 碳排放权的分配

科斯认为，产权的不明晰和无效是市场失灵的根源，只要明确界定产权，经济行为主体之间的交易行为就可以有效解决外部性问题。因此，在交易成本为零的情况下，不管权利如何进行初始配置，当事人之间通过谈判都会导致这些财富最大化的安排。根据科斯定理，如果能够清晰界定主体占有碳排放空间这种资源的权利，并使其可交易，市场便可对这种权利的价值和分配做出判断和配置，碳排放的外部性问题就能够得到解决。因此，上级政府在向下级政府和企业分配碳排放容量空间的使用权的过程中，无论上级政府采用免费发放还是有偿发放的形式，只要能够清晰界定下级政府和企业对碳排放容量空间的使用权，就可以利用市场机制对碳排放容量空间这种资源进行优化配置。

此外，科斯第二定理指出，在交易费用不为零的情况下，不同的权利配置将会带来不同的资源配置结果，从而将产生不同的效益。对于碳交易，交易费用的存在可能将影响碳交易的政策效果。因此，碳交易政策设计者必须对政策方案的交易成本给予充分的重视，必须关注交易成本对政策效率和效果的影响，并围绕着降低交易成本来科学设计政策方案。

4. 碳排放权的交换和价格形成

碳排放空间同时拥有了使用价值和价值，碳排放空间使用权（碳排放权）便可以在发生交换的情况下成为商品，下面来分析碳排放权的交换过程以及其中的价格形成。

事实上，碳排放权的交换是由碳排放权的持有者（政府和企业）进行操作的，一共可能发生三种类型的交换：第一类是政府与下级政府、企业初始交换碳排放权的行为（即碳排放权的初始分配），第二类是下级政府、企业获得碳排放权后发生二次交换的行为，第三类是企业与金融机构交换碳排放权的行为。在上述碳排放权交换的过程中，将对应形成三次碳市场价格。

第一次价格形成是政府向下级政府、企业分配碳排放权过程中的价格形成。从马克思地租理论看，由于政府对碳排放权的垄断，政府便可以出售碳排放权，碳排放权因此拥有了价格。实际上，碳排放权的价格是资本化的“绝对地租”，即碳排放权价格相当于取得这笔“绝对地租”收入的货币资本，这笔货币资本相当于将其存入银行后每年所得的利息。因此，碳排放权初始配置的价格是由碳排放权的数量和银行存款利息决定的，它是一个相对固定的价格，它和碳排放权的数量呈正向变化，和银行存款利息呈反向变化。当然，现实中的碳排放权初始配置后的价格可能是零，即政府可能免费发放碳排放权，产生这种现象的原因之一是上级政府仅获得了对碳排放空间使用权的垄断，而没有获得对其所有权的垄断，因此上级政府在一定条件下有可能将这种碳排放权进行免费配置。

第二次价格形成是持有碳排放权的下级政府和企业之间交换碳排放

权所产生的，交换价格由减排成本和供求关系决定。当下级政府和企业获得碳排放权后，其持有的碳排放权便成为其“私人”财产，下级政府和企业拥有对碳排放权的自由支配权。下级政府和企业交换碳排放权，可能产生两种情况：第一是下级政府和企业仍有可能以零价格转让碳排放权，主要原因在于它们从上级政府获得的碳排放权是免费的，在供求关系失衡的条件下，它们有可能以较低价格甚至零价格进行转让。第二是下级政府和企业可能在一定的价格上下限内转让碳排放权，这种情况主要出现在企业从上级政府有偿获得碳排放权，同时市场供求相对平衡的条件下，此时的价格上下限是由减排成本和机会收益决定的，其中价格下限是交易卖出方放弃其碳排放权，其收益不低于其利用该部分碳排放权产生的净收益，即其机会收益不低于零；价格上限是购买方购买碳排放权进行生产活动，这种生产活动扣除买入成本后的净收益大于其减排的机会成本。此时的碳交易价格将在其价格上下限范围内，依市场供求关系变化而浮动。因此，在供需相对平衡的条件下，下级政府和企业开展交易的过程是存在市场壁垒的，高于价格交易上限和低于价格交易下限的交易者无法进入该市场。综合上述两种情况，在供需平衡的条件下，市场价格一般将在一个上下限内进行浮动；在供需失衡的条件下，市场价格将会产生较大的波动，此时最高价格一般存在上限，最低价格则有可能达到或接近零。

第三次价格形成是由企业和金融机构交换碳排放权产生的，交换价格主要由供求关系和金融投资机构的交易行为和交易产品种类决定的，可以由相关金融理论进行解释。由于金融投资机构开展交易的复杂性大大增加，导致该阶段碳排放容量空间的价格可能出现较大幅度的变化。

5. 碳排放权的消费

企业和下级政府获得了碳排放空间的使用权（碳排放权）后，便可以利用该空间开展生产活动，推动经济社会发展，这便是它们对碳排放权的消费过程。在对碳排放权的消费过程中，各个层面主体的总体目标是一致的，即如何合理利用日益稀缺的碳排放空间，在既定的碳排放权约束下实现更大的经济效益。

企业和下级政府在消费碳排放权的同时，需要确保其碳排放量不超过碳排放权所规定的数值，以完成对上级政府的履约。同时，上级政府也将加强对企业和下级政府的考核和核查，以确保上级政府能够顺利实现控排目标，履行减排承诺。在此过程中，第三方机构和社会各界均将履行各自职责，加强对企业和政府履约过程的监督。

至此，碳交易的主体、标的产生过程已经全部实现，碳排放权已经顺利实现了流通，而上述过程的顺利实现则需要良好的制度设计来保障。

三、碳交易的本质和优缺点

1. 碳交易的实质

上文理论分析表明，碳交易的政策目标是低成本完成控排目标，即在既定的控排目标约束下实现更大的经济社会效益。碳交易主体包括政府和企业两类，主要通过两种手段完成政策目标。

第一是行政手段。上级政府通过采取行政或者法律的强制性手段，给下级政府和企业分配碳排放空间的使用权（碳排放权），并通过考核手段强制要求下级政府和企业的碳排放量不得超过其持有的碳排放权，从而实现政府承担的总体控排目标。这种强制性的碳排放权分配和考核过程，是形成碳交易市场的重要前提。

第二是市场手段。通过制度安排，允许下级政府和企业通过交易碳排放权完成任务，按照市场规律配置碳排放权资源，使履约主体总体以相对较低的成本完成任务，在既定的碳排放权约束下实现更大的经济效益，即使政府在既定的总体控排目标下实现更大的经济效益。

因此，碳交易实质上是政府为低成本实现控排目标而创造出的市场，是一项结合行政手段和市场手段的混合政策，是由政府主导的对既定碳排放空间进行合理利用从而实现更大经济效益的过程。

2. 碳交易的优点和缺点

理论分析表明，碳交易既存在优点，也存在缺点。

（1）优点

首先，碳交易可以实现预定的总量控制目标。主要原因在于碳交易制度是以法律等强制性制度为基石的，其强制性保证了碳排放控制目标的实现。

其次，碳交易可以降低减排成本和政府管理运行成本。碳交易可以充分发挥市场的资源配置作用，进而可以降低企业的减排成本。同时，由于只要对企业分配了碳排放权，企业就可以通过市场交易的方式控排目标，故从政府管理成本角度来看，政府减少了对每个企业进行单独管理的成本。

最后，企业的可接受性强。相对于对碳排放收费或者征收碳税，大多企业更希望开展碳交易，因为碳交易为企业完成履约目标提供了更大的灵活性，而且可以通过交易的机会获利。

（2）缺点

首先，碳交易不能达到帕累托最优。从经济学原理来看，碳排放总量控制目标不是基于企业的边际收益制定的，更多是由社会的各利益主体通过博弈而确定的，因此碳交易是无法达到帕累托最优资源配置的，现实中的交易成本的存在也进一步使碳交易偏离理论最优目标。

其次，碳交易的初期建设成本较高。碳交易制度的初期成本包括制定总量控制目标的成本、分配碳排放权的成本以及对企业实际碳排放量进行核算的成本，碳交易对数据的高精度要求碳交易制度建设的初期成本较大。

再次，碳交易的总量控制目标和配额分配过程受外界因素影响。主要表现为三方面：①开展碳交易需要给政府设定总量控制目标以及给企业设定配额总量，这一总量目标的设定目前科学上存在很大不确定性，更多是一个政治过程。②政府把持分配过程，对分配的核心原则存在争议（例如联合国气候变化谈判中各国持有不同的立场），使分配给下级政府和企业的总量目标存在着不确定性。③即使政府按照技术水平给企业分配配额，由于企业过多且企业性质过于复杂，分配过程也很难做到完全科学。

最后，碳交易受体制影响较大。碳交易制度是一套融合了行政和市场机制的制度，不是纯粹的市场机制。因此，在市场经济高度发达的国家，碳交易制度可能因为缺少行政的调控而无法完全实现政策目标；在市场经济不发达的国家，碳交易制度也可能因为市场发展不成熟而无法开展交易。

3. 碳交易和碳税的比较

采用经济手段控制温室气体排放在全球范围内受到广泛关注，而碳交易和碳税又是当前最主要的经济手段。碳税是另外一种将外部性问题内部化的方法，其理论来源是庇古税理论，它一般是指以减少二氧化碳排放为目的，以化石燃料（例如煤、石油、天然气）的含碳量或碳排放量为基准所征收的一种税目。目前，国际上对碳税和碳交易的孰优孰劣进行了广泛而深入的比较，表 4 列出了一些碳税和碳交易的比较结果。

表4　碳税与碳交易的比较

	碳　税	碳交易
控排目标有效性	控排目标不确定，难以确定减排效果	总量控制下的碳交易控排目标确定
成本效率	具有成本效率，但信息成本较高	具有分配效率，但实施成本高
其中：信息成本	较高	较低
实施成本	较低	较高
生产成本	直接增加企业生产成本	通过碳价间接增加生产成本，对生产成本不确定影响较大
价格效应	直接增加能源价格	通过碳价间接引起能源价格上升
分配公平性	较好体现公平性原则，但对困难家庭产生较严重影响	依赖于碳排放配额的初始分配方式以及对有偿分配配额的收入的分配方式
技术创新	有利于技术创新，取决于碳税的税率以及征收范围	有利于技术创新，取决于控排目标的设定以及碳配额的分配，具有一定不确定性
企业竞争力	降低能源密集企业的竞争力，但对能源密集企业的过度补贴可能使企业竞争力增加	提高企业的竞争力
政策可操作性	操作简便，可在现行税收体系下直接开展	操作较复杂，对人员、技术要求高
可接受度	企业和民众对碳税的接受度较低，但民众可能在经济高速发展阶段支持碳税	企业和民众对碳税的接受度较高，免费的配额分配方式更能提高企业的接受度
立法难度	较难	相对容易
最佳适用范围	分散式、中小型排放源	大型、集中式排放源

和碳税相比，碳交易的主要优点在于可以确定完成控排目标，降低减排成本，企业的可接受度高；缺点在于前期实施成本较高，操作相对复杂，对人员、技术要求较高。碳税的主要优点在于操作简单方便，缺点在于减排效果难以确定，同时可接受度较低。碳税和碳交易有着不同

的适用范围，可以组合使用。

事实上，控制温室气体排放包括自愿减排手段、教育劝说手段、经济管理手段（包括碳交易、碳税等）、行政命令、法律手段等手段，这些手段有着不同的适用范围，而且这些政策正好形成良好的互补关系。由于控制温室气体排放是一项相当复杂的工作，政策设计者应该注意利用政策的互补性，整合各种政策进行管理。在实践中，为了更好地完成政府的控排目标，应该以强制性的经济手段和命令控制手段为主，以自愿减排和教育劝说手段为辅。对命令控制手段和经济手段也应根据其不同的适用范围来进行综合运用，命令控制手段中行业标准适用于强制规定某个行业的最低准入水平，绩效考核机制适用于对政府减排的管理，经济手段中的碳税适用于对中小型分散式排放源的管理，而碳交易机制则适用于对大型集中式排放源的管理，所有的经济手段和行政命令手段都应以法律法规为根基，应该通过法律的形式对受管控主体的违约行为进行严厉处罚。

四、碳交易的市场体系和市场类型

企业和政府部门开展碳排放权的交易活动，推动形成了碳交易市场。本节介绍碳交易的市场体系结构和市场类型。

1. 碳交易的市场体系结构

(1) 碳交易的主体结构

碳交易的市场主体主要包括政府和企业两类。其中政府按照是否承担碳减排责任分为责任政府和非责任政府，责任政府按照其职责权限又可分为上级责任政府和下级责任政府，同级责任政府之间还存在着不同的管理部门。企业按照是否承受履约目标可分为履约企业和非履约企业。其中，履约企业是承担履约目标的重点排放企业，非履约企业包括了其他排放企业、金融中介机构、交易机构、第三方核证机构以及个体投机者等。

考虑到碳交易机制的效率，被纳入到碳交易市场的履约企业数量是有限的，一般选择将碳排放量较大行业（如电力、钢铁、水泥等）中的主要企业规定为履约企业，而其他企业均为非履约企业。

（2）碳交易的客体结构

碳交易市场客体，即碳交易的交易标的，一般包括碳排放权（也称碳排放配额）、碳减排信用①以及相关期货期权等。

①碳排放权是下级政府和企业从政府获得的一段时期内的碳排放量指标，从法学的角度出发，碳排放权代表着下级政府和企业在此时间段内对一定数量碳排放容量空间的使用权。

②碳减排信用是碳交易的另一种交易标的，它是指没有履约责任的企业额外开展减排项目后比项目运行基准情景降低的碳排放量，它同样是一种对碳排放容量空间的使用权。企业出售碳减排信用需得到政府批准，签发碳减排信用，政府的碳排放权数量将进行等量扣减。

③碳排放权期货是碳排放权在金融衍生市场的一种表现形式，它是指现在进行买卖，但是在将来进行交收或交割的碳排放权。碳排放权期权是在碳排放权期货基础上产生的另外一种金融衍生品，它是一种未来可买卖碳排放权的权利。

④碳减排信用期货和碳减排信用期权则是碳减排信用在金融衍生品

---

①　国外称 Credit，国内称项目减排信用。

市场的另外两种表现形式。

因此，碳交易市场总体可分为一级市场、二级市场以及碳金融市场三类。其中一级市场的交易标的仅包括了碳排放权，这是一个政府向下级政府和企业分配碳排放权的体系；二级市场的交易标的包括了碳排放权和碳减排信用，这是一个市场主体开展碳排放权和碳减排信用交易的体系；碳金融市场的交易标的包括了碳排放权、碳减排信用以及碳排放权期货期权、碳减排信用期货期权等金融衍生品。

需要特别指出的是，由于温室气体种类的多样性，上述碳排放权、碳减排信用等交易标的中的“碳”实际上是对各种温室气体的统称。

2. 碳交易的市场类型

（1）一级市场

一级市场是对碳排放权进行初始分配的市场体系。政府对碳排放空间使用权的完全垄断，使一级市场的卖方只有政府一家（买方包括了下级政府和履约企业），交易标的仅包括碳排放权一种，政府对碳排放权的价格有着极强的控制力，因此，一级市场是一个典型的完全垄断市场。

（2）二级市场

二级市场是碳排放权的持有者（下级政府和企业）开展现货交易的市场体系。获得碳排放权的下级政府和履约企业的数量是有限的，下级政府和履约企业获得碳排放权后将同时获得对碳排放权的支配权，因此二级市场的卖方也是有限的。碳交易的理论分析表明，由于二级市场的交易价格存在上下限，二级市场将存在着市场壁垒。同时，由于二级市场的交易标的仅包括了碳排放权和碳减排信用两种且它们的产品属性存在一定差别，因此二级市场应属于寡头垄断市场。

（3）碳金融市场

碳金融市场是交易碳金融产品的市场体系。市场存在着许多卖方，生产各种有差异的商品，市场缺乏进入壁垒，同时碳金融市场的卖方对其金融产品的价格具有一定的控制能力，在市场卖方足够多的情况下，碳金融市场将逐步接近于完全竞争市场。

因此，从碳交易的市场类型来看，碳交易的一级市场、二级市场直至碳金融市场是一个逐渐开放、市场壁垒逐渐消失的过程，碳交易会从一级市场的完全垄断市场逐渐转变为碳金融市场的垄断竞争市场甚至完全竞争市场，碳交易市场也将因此成为一个覆盖多主体、多层次、多类型的统一、开放的市场体系。

五、碳交易的制度特征和制度框架

制度是交易市场形成和运行的重要保障。与普通商品交易相比，无论是交易的产生还是交易标的物的特点，碳交易都具有显著的特征和复杂性，这也决定了碳交易制度既要具有普通商品交易制度的基本构成要素，又要反映碳交易自身的特征。本节首先在分析碳交易标的物特性的基础上，总结提出了碳交易的制度特征；然后结合商品交易制度的构成要素，研究提出了碳交易制度的理论框架。

1. 碳交易的制度特征

诺斯认为“制度是一个社会的游戏规则，更规范地讲，它们是为人们的相互关系而人为设定的一些制约”，因此制度是约束和规范个人行为的规则及其执行和实现。商品交易制度则是在商品交易过程中指导主体间利益分配和交易费用分摊的规则及其执行和实现，包含产权界定制度、商品度量制度、市场交易规则和市场保障制度等四项基本制度。

碳交易制度则是商品交易制度的进一步延伸，是在碳交易过程中指导主体间利益分配和交易费用分摊的规则及其执行和实现。和普通商品交易相比，碳交易的标的物——碳排放权拥有三方面的特性。

第一，公共性。碳排放权的本质是企业对碳排放容量空间的使用权，由于碳排放容量空间是全人类的公共品，故企业对于碳排放容量空间只有使用权而没有所有权。作为公共品，其使用具有负外部性。为使个体利益与人类社会必须控排的整体利益相协调，需要政府部门通过制度安排将外部成本内部化。主要途径有两种：一是征收碳税；二是开展碳交易，强制性把控排目标分解到各层主体，允许交易碳排放权，通过市场发现碳排放权价值，从而低成本实现控排目标。和碳税相比，碳交易可以确保实现预期的控排目标，可以降低控排目标的成本，可以增强企业的接受度，但是制度设计较复杂，初期建设成本较高，且受体制影响较大。

第二，全球流动性。可以认为碳排放在全球范围内均一分布，地球任何地方的碳排放都同等占用碳排放空间。由于碳排放的这一特点，因此相对应的碳排放权便成为真正意义上的全球公共品，理论上碳排放权可以在全球范围内自由流动。

第三，虚拟性。碳排放权是一种虚拟的商品，不能被其所有者感知，只能通过数据记录实现对其计量。而碳排放在产生之后，同步就占用了等量的空间。因此对碳排放权的度量将是碳交易制度中极为重要的环节。

正是由于碳排放权的特殊性，碳交易制度和商品交易制度相比拥有明显的特征。

第一，碳交易制度本质上是一种“政府创造，市场运作”的制度。由于碳排放空间的公共品属性，企业对碳排放权的需求不是自发产生的，而是政府将外部性问题内部化后产生的。在碳交易市场内，政府通过创造出“碳排放权”这一虚拟的商品，并强制要求所有排放主体必须取得与其排放量相一致的碳排放权，从而创造出碳排放权的需求，并允许排放主体等进行碳排放权的交易，最终形成碳市场。因此，碳交易市场是政府为解决碳排放问题而人为创造出来的市场。在碳交易市场内，碳交易制度是外生的。碳市场在相应的制度安排下自然生成，并按照市场规律运作。所以说，碳交易的制度是由政府创造的制度，但结合了市场化运作的成分。普通商品交易则往往是市场先自发形成，而后政府等公权机构介入，建立相应的规则对市场进行规范的过程。

第二，碳交易制度是由政府主导的制度，必须自上而下预先进行顶层系统设计。建立碳交易制度的目标是引导形成碳交易市场，发挥市场机制的功能作用，而且这一功能作用更多为政府部门代表公共利益而设置的目标服务。因此，碳交易制度的建立必须由政府部门主导，对碳交易的制度框架、市场体系、市场结构预先进行系统设计，而且具体制度安排必定由设定市场总体目标的政府进行设计。例如，服务于国家控排目标的碳交易市场则由相应国家级政府自上而下进行设计，若地方政府建立局部碳交易市场，则围绕市场目标从地方级别政府进行系统设计。碳交易制度设计之初可能存在部分问题，但是可以在制度运行期间进行不断的调整完善，而普通商品交易制度则是在交易过程中自发、自组织、自调节形成的制度，不需要政府主导，也不需要预先进行设计。

第三，碳交易制度需要一套严密的、科学的监测计量和登记记录机制。碳交易以控制碳排放为目标，并且是通过“提交等量碳排放权”的方式实现。市场内主体的实际碳排放的多少，直接关系到整个碳市场的供需平衡，关系到各个市场参与方的直接经济利益。但无论碳排放或者碳排放权，都是无法直接感知的“物品”，而是需要相应的技术手段予以计量。这种计量既包括对碳排放的准确计量，也包括对碳排放权的登记记录，计量过程相当于是“产品质量认证”的过程，要求具有相当的精确程度，因而，在碳交易制度体系内需要一整套专业技术要求极高的技术支撑机制，对履约企业提出了较高的技术和能力需求，产生了较高的市场准入门槛，甚至需要专门的技术服务机构参与。而普通的商品交易制度不需要如此专业的技术支撑体系。

第四，碳交易制度中政府扮演着特殊的角色。政府是碳交易制度的主导者，政府在碳交易制度中不仅仅充当管理者和监督者的角色，在一定情况下也可以作为交易者而直接参与交易。事实上，政府参与交易是必要的，也是必然的。政府为了完成碳控排目标，必然要对其管辖范围内的企业分配减排任务，但是由于企业数量众多且碳排放不完全由企业产生，完全依靠企业减排不但管理成本高，这种方法也是无效率的，不可能完全实现政府的控排目标。因此，政府必须对下级政府甚至更下级政府分配减排任务，下级政府在采取命令控制、征税等手段复制实现控排目标的同时，可以在一定条件下参与市场交易，这样有利于政府进一步降低成本当然政府的参与需要相应特殊的规则安排。

第五，碳交易制度随着时间推移而发展，其作用也存在局限性。碳交易作为一项市场经济制度的创新，将随低碳经济的发展和人与自然的和谐发展而有着广阔的发展前景。同时，碳交易作为当代全球气候变化谈判博弈产生的结果，在碳交易的发展过程中将充满着不确定性。作为政府创造的市场，碳交易的市场容量、范围、参与主体甚至交易价格都将在一定时间内受到限制。而当全球的温室气体排放不会对经济社会发展构成制约时，碳交易的历史使命就将完结。

2. 碳交易制度的理论框架

基于上述碳交易制度理论分析，本书认为，碳交易制度的理论框架应包括“3 项核心制度，2 个支撑机制，1 套外围体系”。其中，“3 项核心制度”包括总量设定和配额分配制度、履约和考核制度以及交易制度，其中总量设定和配额分配制度是构建碳交易市场的基本前提，履约和考核制度是实现控排目标的根本保证，交易制度是降低减排成本的关键环节，它们既相互联系又相互协调，共同构成了开展碳交易的核心制度；“2 个支撑机制”包括监测报告核查（MRV）机制和配额登记记录机制，主要从碳排放数据监测记录和碳排放配额所属权变更记录角度为“3 项核心制度”提供技术支撑；“1 套外围体系”是指从法律法规、市场监管以及与其他政策协调衔接等方面为碳交易制度建设和碳交易市场平稳运行提供外围保障。碳交易制度框架可以概括为：“总量设定和配额分配制度是关键前提”，“履约和考核制度是根本保证”，“交易制度是主要特征”，“监测报告核查机制与配额登记记录机制是数据支撑”，“外围体系是重要保障”。

（1）总量设定和配额分配制度

总量设定和配额分配是构建碳排放制度的前提和关键环节，其主要目的是确定相关主体碳排放权的数量额度，从另外一个角度看是明确相关主体的履约责任目标。

履约主体：即获得碳排放权的主体，可以分为政府和企业两大类。政府根据减排任务设定碳排放总量控制目标，不同行业的企业由政府部门根据行业技术水平（碳排放基准线方法）和企业产品产量确定其碳排放权配额。目前一些国家和地区（如欧盟）已经开始按照排放设备为拥有设备的企业分配碳排放权配额。

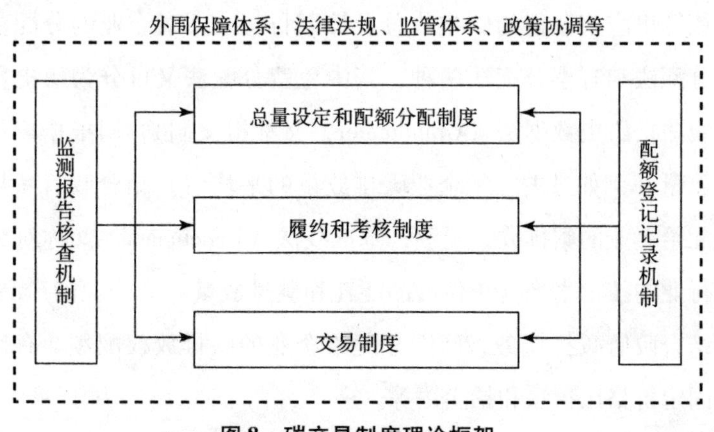

图 8　碳交易制度理论框架

履约责任目标：即分配的碳排放权配额，通常为绝对量形式的总量控制目标。政府获得的碳排放权配额对应于减排任务设定的碳排放总量控制目标，企业获得的碳排放权配额是根据行业技术水平和企业产品产量确定的排放权数量。

配额分配流程：上级政府根据整体的减排任务目标，设定下级政府的总量配额目标，分配给下级政府，最终由上级政府考核评价下级政府是否履约。本级政府部门以上级政府分配的总量配额为基础，根据本级政府管辖区域的产业布局、企业特点以及未来的发展预测，选择重点行业企业，为这些行业企业设定排放总量配额目标，并进一步分配给下属相关企业，最终由政府部门考核评价企业是否履约；对其余配额的使用和管理，本级政府承担具体责任。由于碳排放权决定了政府和企业的未来发展空间，所以分配过程往往是一个利益博弈的过程，在上述排放原则的基础上需要进行谈判、协调、妥协，最终达到一个各方都能够接受的结果。

配额分配方法：①对政府的分配主要根据该政府（国家或者地区）的经济发展水平、产业结构、资源禀赋、人口数量、能源结构、人均能耗和碳排放量、单位 GDP 的能耗及碳排放量等因素确定其减排任务目标，进一步核算出应该获得的碳排放总量控制目标。②对企业的分配主要包括免费分配法和有偿分配法两种，其中免费分配法又可分为历史数据法和基准线法。历史数据法（Grandfather，又称祖父制），即根据以往企业的碳排放量（例如过去三年企业碳排放量的平均值）结合政府减排任务确定分配给企业的碳排放权配额；基准线法（Benchmark，又称对标法），即根据行业的技术水平（单位产品能耗和碳排放量）和企业的产品产量，进一步结合政府减排任务，确定分配给企业的碳排放权配额。有偿分配法包括固定价格出售法和拍卖法等。

上述四种对履约企业的配额分配方法在国外均有应用。根据经验，固定价格出售法是设计难度最低的分配方法，拍卖法是最具效率、最能够反映外部成本内部化的分配方法，历史排放法相对不公平但却是最能够获得企业支持的分配方法，基准线法是相对公平但却是设计难度最大的分配方法。

一般来讲，在开展碳交易的过程中，配额分配方法是不断进化的。在碳交易开始之初，一般以基于历史数据的免费分配方法为主，这样将获得更多的企业支持；在碳交易开展过程中，将逐渐抛弃历史数据法而采用基于基准线的免费分配法对企业免费分配部分配额，剩余配额将采用固定价格出售或拍卖法进行分配；在碳交易成熟阶段，一般采用效率最高的拍卖法进行排放配额分配。

对于履约主体而言，获得碳排放权配额，一方面是为其未来发展获得了排放的空间，另一方面也将受到碳排放“天花板”的制约。由于未来发展存在着诸多不确定性，上级政府部门在确定“分给谁”、“分多少”方面则需要本着公平、合理、可持续的原则做全面的政策考量。

对于某个具有履约责任的政府部门，即对于某个具有碳排放总量控制目标的政府部门来说，其排放总量配额由两部分组成：一部分是分配给履约企业的配额总量，另外一部分是该政府部门能够用于履约企业以外的经济社会进一步发展和居民生活水平进一步提高的有限指标。前一部分配额指标主要用于分配给履约企业。此时负责分配的政府主管部门首先需要根据本级管辖区域的排放总量控制目标，根据本级政府管辖区域的产业布局、企业特点以及未来的发展预测，选择重点行业企业，为这些行业企业设定排放总量配额目标，并根据相关分配原则和方法进一步分配给下属相关企业。后一部分配额指标可用于三个方面：①由于排放规模较小等原因未被纳入履约企业的既有排放主体；②为未来经济发展和居民生活水平提高预留的增量空间；③政府部门预留的少量配额，用于合理调控市场，避免碳交易市场价格大幅度波动，保障市场运行比较平稳。如果给履约企业分配的配额偏紧，则该国能够用于未来增量空间的指标则相对富裕，但履约企业不易接受；如果给履约企业分配的配额偏松，则履约企业容易接受，但该国能够用于未来增量空间的指标则相对较少。此外，为了避免由于履约主体选择导致的不公平问题，在给履约企业合理分配配额“天花板”的同时，对由于排放规模较小等原因未被纳入履约企业的既有排放主体，应采用标准、价格、税收等政策措施，对其提出严格的节能减碳要求。

碳排放权分配是一种强制性行为，需要由具有约束力的制度来保障，通常采用法律约束手段来执行。例如，《京都议定书》是联合国出台的具有法律约束力的制度，对应该承担履约责任的国家提出了强制性控排目标要求；再如，欧盟、澳大利亚、韩国等国家和地区构建碳交易制度的前提都是通过立法明确了相关成员国和企业应该承担的减排责任和义务。

特殊分配规则：指对市场新进入者的配额分配规则和对市场退出者持有的排放配额的处置办法。对市场新进入者一般可用基准线法进行免费分配，或者用固定价格出售法或拍卖法进行有偿分配；对市场退出者持有的配额一般视其退出原因和配额的来源具体处理。

（2）履约和考核制度

履约和考核制度是碳交易制度的另外一个关键前提条件。没有强制性的履约和考核制度，就无法形成大规模的碳交易市场。

考核制度：评价考核本级政府是否履约由分配给本级政府减排任务的上级政府组织实施，评价考核企业是否履约由分配给企业配额的政府部门组织实施。

考核标准：考核评价是否履约主要根据被考核对象在考核周期内实际的碳排放量和提交的配额证书数量的综合结果来评估。

考核周期：一方面会影响碳交易市场的活跃程度，另一方面会影响考核的行政成本。评价考核周期越短，越有利于提高碳交易市场的活跃程度，但是会导致考核行政成本的增加。目前，大部分国家的评价考核都是实施年度考核。例如，EUETS第二阶段（2008～2012年）以年度为周期对各成员国及具有碳排放权配额的企业实施考核，澳大利亚等国家也计划采用年度考核的方法。

惩罚机制：是碳交易制度建设的重要内容。如果责任主体未履约，则应实施严格的惩罚措施，一般可能采用的经济惩罚措施在一定程度上决定了碳交易市场价格的上限。例如，《京都议定书》遵约机制规定，对于不遵约的发达国家和经济转轨国家，强制执行分支机构可暂停其参加碳交易活动的资格；如缔约方排放量超过排放指标，还将在该缔约方下一承诺期的排放指标中扣减超量排放1.3倍的排放指标。再如，在EU ETS第二阶段，如果企业未履约，需按100欧元/吨二氧化碳当量提交罚款，并且其差额部分配额在下一考核期内仍需补交；在EUETS第三阶段，如果成员国未履约，则在下一年度分配总量配额时扣减1.08倍差额数量的配额。

（3）交易制度

交易制度与配额分配和履约制度密切相关，交易规则是否合理很大程度上将影响碳交易市场的公平性和流动性，是碳交易的主要特征。交易制度主要解决的关键问题是：①交易什么；②谁和谁不能交易，谁和谁可以随便交易，谁和谁可以交易，但是要设定管制规则；③能否存储和预借指标；④配额指标的有效期多长；⑤交易价格的形成机制。

交易标的：交易标的一般包括碳排放权（也称碳排放配额）、碳减排信用以及碳排放权期货期权、碳减排信用期货期权等，核心体现为碳排放配额和项目减排信用两大类。

①碳排放配额是下级政府和企业从政府获得的一段时期内的碳排放量指标。

②碳减排信用是指没有履约责任的企业（非履约企业）额外开展减

排项目后比项目运行基准情景降低的碳排放量，它同样是一种对碳排放容量空间的使用权。但是，要求这些项目具有“额外性”，即如果不通过交易活动收益，该项目不会自然发生，所以需要统一制定体现项目“额外性”的方法学。

碳减排信用和碳排放权配额的区别是：第一，碳排放配额代表着政府和企业的总体碳排放容量空间，是可以叠加的，而碳减排信用只能抵消政府和企业对这种空间的占用，因此碳排放配额和碳减排信用是共存的，二者不可累加。第二，非履约企业申请签发碳减排信用需得到项目所在地政府批准，签发后将对项目所在地政府的碳排放配额总量进行等量扣减，然后减排信用可以进行市场交易；而履约企业出售碳排放配额的行为将不需要政府批准，也不对政府的排放配额进行扣减。第三，持有项目减排信用的主体可以和包括政府在内的任何市场主体开展交易，但是分配的碳排放配额在不同主体之间交易要受规制。第四，由于项目减排量“额外性”在一些情况下无法完全得到保障，同时为鼓励履约主体自身采取更多减排措施，一般情况下，考核主体会为履约主体设定使用项目减排信用抵消其履约目标的比例上限。

③碳排放权期货是碳排放权在金融衍生市场的一种表现形式，是指现在进行买卖，但是在将来进行交收或交割的碳排放权。碳排放权期权是在碳排放权期货基础上产生的另外一种金融衍生品，它是一种未来可买卖碳排放权的权利。

④碳减排信用期货和碳减排信用期权则是碳减排信用在金融衍生品市场的另外两种表现形式。

主体关系与交易模式：碳交易制度涉及众多主体，包括负责分配配额和考核的政府、具有履约责任的政府、具有履约责任的企业、没有履约责任的企业、银行等投机机构、个人等等。不同主体之间发生交易活动，将形成众多的交易模式。那么，谁和谁不能交易？谁和谁可以随便交易？

谁和谁可以交易，但是要设定管制规则？相关制度的设计将直接影响到各参与主体的利益分配，并对碳交易市场的顺畅运转产生重要影响。在后文中，专门建立了碳交易制度主体关系分析模型，研究了这些问题。

存储预借规则：存储预借是在不同考核周期和（或）履约期之间，对各种碳排放配额（信用）采取的一种灵活机制，它提高了减排责任主体完成减排任务的灵活性，也保障了减排市场投资者的长远收益预期。存储和预借规则对控排目标设定、当期目标完成等都会产生影响。一般情况下，碳交易市场内允许存储，不允许预借，碳排放配额存储至下一周期后其配额数量可能按一定比例进行折扣。

配额有效期：有效期代表排放配额能够代表对应一个排放空间的有效时间限制，通过设置有效期可以推动市场内更好地使用排放配额创造经济价值，也是避免市场内过量囤积的有效手段。一般配额在某一个履约期内一直有效，而且不同政府部门创造的配额的有效期也会有所差别，而配额的有效期设置与后续交易规则中的存储预借制度紧密相关。比如欧盟排放贸易体系第一阶段（2005～2007）的配额有效期仅在第一阶段内有效，第二阶段（2008～2012）内发放的配额则可以存储到第三阶段（2013～2020），相当于其有效期被延长。而根据规则，联合国《京都议定书》规定的排放配额，在议定书存续的前提下，将一直有效。

价格形成机制：碳交易市场的价格是反映市场内碳排放配额稀缺程度的晴雨表，并对各投资减排者形成不同的利益激励和预期。为充分发挥市场配置资源的作用，碳市场的价格形成一般都由市场的供需平衡决定。而碳交易制度中惩罚机制的安排，间接为碳交易的价格设定了上限。为避免碳交易市场价格过低，影响市场运行，一些情况下政府部门也规定了底线价格。碳交易的价格形成机制在三个级别市场内各不相同：一级市场是政府向下级政府和企业分配碳排放配额形成的市场，政府免费碳排放配额的价格是零，固定价格出售法分配的价格是政府根据自身发展情况、发展规划、资源条件等确定的，拍卖价格则由拍卖配额总量和需求量决定（即供需决定），政府可能设置拍卖价格下限和上限。二级市场是获得碳排放配额的下级政府和企业交换其排放配额而形成的价格，主要由市场供需决定，由于不同企业的减排成本不同，理论上二级市场价格存在着上下限（即二级市场存在市场壁垒），但由于下级政府和企业可能从上级政府免费获得排放配额，同时受配额有效期和存储预借规则限制，实际上该市场价格波动幅度较大，其价格下限经常被突破，二级市场价格最低曾接近零。三级市场也称碳金融市场，是指金融投资机构参与碳交易，将碳排放配额转化为期权、期货形式后产生的市场，三级市场价格形成机制复杂，同时受市场供需关系和各种不确定因素影响。

市场调控机制：由于碳交易市场是政府人为创建的市场，为更好地实现其政策目标，避免碳交易市场价格大幅度波动，在特殊情况下政府对市场价格也会进行适当调控干预。例如，通常政府部门给下属企业分配配额时，会适当预留一部分配额发挥“蓄水池”作用，当市场价格过高时，可以将这些配额拍卖给市场，在平抑市场价格大幅波动的同时，获得的资金可以设立为专项资金，支持低碳发展活动。而当市场价格过低时，政府也会采取相关措施适当对市场进行调控。例如，2008 年全球金融危机和进一步导致的欧债危机，对欧盟的碳交易市场产生了较大冲击，市场价格由 2008 年的 30 欧元/吨二氧化碳当量下降到了当前的 5 欧元/吨二氧化碳当量左右，市场中的配额也呈现结构性过剩状态。为此，当前欧盟正在准备采取相关应对措施。

（4）监测报告核查机制

碳排放量的监测报告核查机制（即 MRV 机制）是构建碳交易制度的数据度量基础，具体可分为监测制度、报告制度和核查制度等三项内容。该机制主要解决的问题包括：①实际排放数据是多少；②排放数据怎么获得；③履约时认可谁提供的数据。

碳排放覆盖范围：为解决上述问题，首先需要明确碳排放的覆盖范围。在《京都议定书》下，温室气体包括二氧化碳、甲烷、氧化亚氮、氢氟碳化物、全氟化碳和六氟化硫六种。其中，二氧化碳排放量占全部温室气体排放量的70%以上，而其他温室气体也可以折算为二氧化碳当量。在二氧化碳排放中，90%以上来自于化石燃料消耗，此外包括部分行业（钢铁、水泥等）在生产过程中的工艺过程排放，以及森林、CCS等形成的碳汇。所以，在分配环节以及交易规则中应明确需要履约的碳排放权目标以及碳交易标的物具体覆盖的范围。碳排放的覆盖范围应根据数据的可获得性及相关因素对实现目标的影响程度来确定。

监测制度：碳排放量的监测目前主要采用间接监测的方法，即通过监测不同品种的化石燃料消耗量、活动水平（产品产量、森林蓄积量等）、排放因子等来进行核算。需要负责评价考核的政府部门组织研究制定相应的核算方法，用于核算编制具有履约责任的政府部门和企业的排放清单，从而得到实际碳排放数据。

报告制度：负责评价考核的政府部门为了得到具有履约责任的下级政府和企业的实际碳排放量，一般采用碳排放报告制度，要求具有履约责任的下级政府和企业向负责评价考核的政府部门按照相关格式要求编制并提交其排放清单报告。

核查核证制度：主要是解决履约主体碳排放数据以及项目减排量的真实性和准确性问题。为确保下级政府提交的排放清单报告反映的实际排放数据结果的真实性和准确性，负责评价考核的政府部门将组织独立专家进行核查评估。为确保具有履约责任企业提交的排放清单报告反映的实际排放数据结果的真实性和准确性，由第三方核查机构进行核查，并向负责评价考核的政府部门提交核查报告。负责评价考核的政府部门对第三方机构的资质进行审定，第三方机构对自身提交的核查报告的真实性和准确性承担法律责任。

例如，《京都议定书》下承担控排目标的缔约国把本国温室气体排放清单和信息通报每年提交到联合国后，联合国将组织国际审评专家组，对温室气体排放清单和信息通报结果的真实性进行审评。在欧盟，各成员国政府需编制温室气体排放清单，并向欧盟委员会报告，后者将组织对各成员国和欧盟整体的履约进展进行评估，并向欧盟议会和欧盟理事会提交进展报告。再如，欧盟、澳大利亚、日本等国家和地区都已经以法律形式确立了相应的温室气体排放量监测报告核查制度安排。规定一定排放规模的企业承担按规定编制监测计划、计算温室气体排放的义务；第三方机构对企业排放数据开展核查，并承担相应法律责任；政府部门认可经第三方机构核查后的企业排放数据。

此外，如果允许没有履约责任的企业出售项目减排量并参与市场交易，则需对其实施的减排项目的减排量的真实性、准确性及其额外性进行核证。减排项目业主必须按照政府主管部门规定的程序和方法学，编制项目计划文件和监测计划，并在项目经政府批准注册后，实施排放量监测，并计算减排量，提交项目减排量报告。减排量报告经政府主管部门认可的第三方机构对减排量进行核证之后，由政府主管部门签发相应减排量证书，此时该减排量便被称为碳减排信用。

（5）配额登记记录机制

配额登记记录机制，即碳交易登记簿，是碳交易活动实施和记录配额流转（配额所属权变更）的重要基础。碳交易登记簿一般是政府专门建立的大型数据库系统，主要功能包括：①随时反馈各企业或政府持有的配额种类和数量；②跟踪记录每一个配额单位的产生、交易、转换、转入（出）、取消和提交等全过程信息，并保证系统内每一个配额的唯一性。由于登记簿的以上两个功能，保证了各账户持有的配额的安全性，并为各方参与碳交易和履约提供了操作便利。

开设账户：为解决上述问题，首先需要明确登记簿账户开设要求和各类账户允许持有的配额种类。例如欧盟允许所有的个人和团体开设账户，而且国家在登记簿内也有账户，但是个人和团体账户只能持有EUAs、CERs、ERUs等形式的碳排放配额，国家账户则可持有AAUs、CERs、ERUs、RMUs等形式的碳排放配额。登记簿是一套电子数据库，能根据查询要求，随时反馈各账户的配额种类及数量。

跟踪记录：需要在登记簿软件中设置信息跟踪记录环节。在配额发放环节，为每一个配额标示一个唯一的编码，保证随时可跟踪所有配额状态和位置。在对配额的各种操作过程中，系统自动记录所有的过程信息，并存入数据库内，供查询使用。

(6) 外围保障体系

外围保障体系的主要作用是为碳交易制度建设和碳交易市场平稳运行提供外围保障，主要包括法律法规体系、市场监管体系、与其他政策的协调衔接体系等内容。

法律法规体系：碳交易制度需要以法律为基本保障，通过制定法律规定碳交易市场内各方的责、权、利，为碳交易制度设定框架。例如，《京都议定书》是国际碳交易市场建立的国际法律基础，《2003排放交易指令》(Directive 2003/87/EC) 是欧盟碳交易体系的法律基础，《清洁能源未来法案》是未来澳大利亚碳交易市场的法律基础。

为保障碳交易制度的可操作性，在碳交易立法的基础之上，还需要制定其他相应的支撑性法律法规。联合国气候变化谈判后续形成的《马拉喀什协定》对《京都议定书》下开展的碳交易的规则进行了详细规定，联合国气候公约秘书处又制定了国家温室气体排放清单编制指南等技术性文件等，为国际碳交易制度的操作实施提供支撑。欧盟在通过《2003排放交易指令》的同时，又颁布了登记簿规则和温室气体排放监测报告核查规则等制度，支持欧盟碳交易市场的正常运转。在澳大利亚，同时还有其他相关的18项立法为《清洁能源未来法案》规定的一揽子计划设定了政策框架，包括制定碳定价机制的总体设计和监管方案、温室气体控排目标、配额的发放、国内和国际交易规则、给没有包含在碳定价机制内的燃料使用制定相当价格、新的税收政策、工业领域的补贴，以及澳大利亚国家登记簿的运行等。

监管体系：监管体系是上述 3 项核心制度和 2 个支撑机制顺利实施和碳交易市场顺畅运行的重要保障。主要通过法律法规形式确定碳交易制度和碳交易市场的监管主体、监管对象、监管内容和监管方法，推动碳交易市场信息的透明公开，提高整个碳交易制度体系的运行效率。

碳交易的监管主体应包含政府、企业、第三方机构、交易所、社会团体和普通公众等；监管对象包括了碳交易的主要参与者，如政府部门、企业、金融机构、交易平台、第三方核查机构等；监管内容包括了碳交易的各个操作环节，如配额分配、交易、碳排放量监测报告核证、配额提交和履约等；监管方法包括了政府监督、第三方机构监管、舆论监督等各种方法，还应积极发挥各方作用，特别是社会的公众监督作用，保障监管体系公平、公正、公开。

政策协调体系：碳交易制度涉及经济、产业、能源、环境、金融、价格政策等诸多领域，并涉及经济体制和政治体制，对政府、企业、个人的利益将产生深远影响。碳交易制度一旦建立，将成为国家经济社会整体的一个重要组成部分。所以，碳交易制度能否顺利建立和合理运行，与其外围的政策环境和政治经济体制息息相关；而碳交易制度的建设和运行，反过来也会推动外围政策环境和政治经济体制的逐步完善。这就需要在碳交易制度的构建过程中，妥善处理与其他相关政策的协调与衔接问题。

例如：①碳交易将碳排放的成本加入到企业的生产成本中，从而引起企业生产成本上升，进一步提高企业产品的价格，进而对经济社会产生重要影响，因此碳交易需要与物价政策协调。比如，Lise 等对欧盟 20

国的模拟结果表明，当碳价达到20 €/t CO_2时，欧盟20国的平均电价将上升10～13 €/MWh（即每度电上涨1～1.3欧分），比开展碳交易之前的价格上升了12%～27%。②由于碳排放主要来源于化石燃料的消耗，导致碳排放目标与节能和非化石能源发展目标密切关联。在这种情况下，实施碳交易对节能和非化石能源目标产生一定影响，因此需要妥善处理上述情况。③在建立碳交易制度之前，许多国家已经在节能减排和可再生能源等领域先期出台了一系列的价格、财政补贴、税收减免等经济政策，碳交易制度如何与这些既有的政策相互协调和衔接，也需要妥善处理。

六、碳交易制度主体关系与交易模式分析

为更好地分析碳交易涉及的复杂主体关系，本研究建立了碳交易主体关系分析模型（图9）。该模型主要功能是：①分析碳交易总量设定和配额分配、履约和考核、交易等过程中各主体之间的关系；②研究碳交易各种主体之间相互交易理论上可能出现的所有交易模式；③对所有交易模式进行总结和归类，对应各种交易模式提出应该采取的处理原则。

1. 碳交易制度主体关系模型基本框架

如图9所示，该模型分为三层，包括两个政府层级和一个企业层级。实际上，上述三层已经能够代表所有可能出现的情况，因此该模型是一个用来分析不同碳交易制度下主体关系的通用模型。

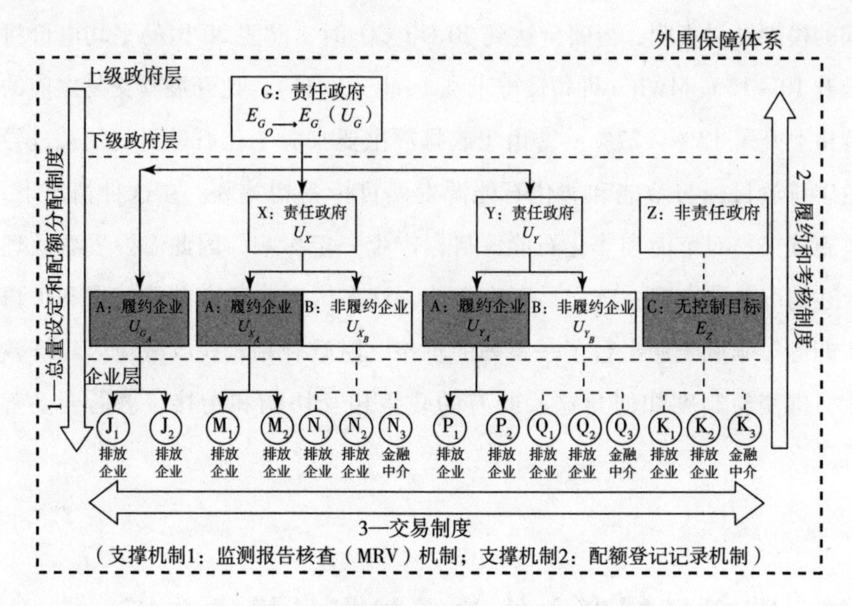

图9　碳交易制度主体关系分析模型

模型的第一层是上级政府层，包括上级责任政府 G 一个行为主体，即 G 已经拥有了碳排放总量控制目标。第二层是下级政府层，包括 X、Y、Z 三个政府，其中 X、Y 属于 G 的直属下级政府，G 的碳排放量控制目标将由履约企业总体 G_A 和 X、Y 政府完成，X（或 Y）政府的部分碳排放量控制目标将由履约企业总体 X_A（或 Y_A）完成，剩余部分由其通过非履约企业总体 X_B（或 Y_B）完成。Z 政府和 G 政府之间没有权属关系，即 Z 可能和 G 同级，也可能和 G 不同级，实际上 G 和 Z 的级别关系对该模型没有本质影响，Z 政府的碳排放量在 C 体系内，且不存在碳排放量控制目标。第三层是企业层，包括了所有企业和个体等碳排放源，为方便起见，每个政府的履约企业总体均包括了两个履约企业（以角标 1、2 表示），政府将为该企业分配排放配额；每个政府的非履约企业总体存在两个非履约企业（以角标 1、2 表示），政府没有为这些企业分配排放配额，非履约企业总体内还存在一个金融中介机构，金融中介机构可通过投机炒作行为增加碳交易市场的流动性。

2. 碳交易主要步骤在模型中的实现

该模型可以清晰描绘碳交易制度框架下总量制定和配额分配、履约和考核以及交易过程等重要环节，并分析各方面主体在碳交易制度框架下的定位关系。

(1) 总量制定和配额分配过程

总量制定和配额分配是一个由上级政府向下级政府直至企业分配碳排放配额的自上而下的过程。首先，上级政府 G 为了完成一段时期内的温室气体排放总量控制目标 E_{Gt}，需要将该目标等价转化为 G 的碳排放配额量 U_{Gt}。当目标年与初始年的时间间隔 t 超过 1 年时，G 还需要将该配额分配到 t 年内。不失一般性，假设 G 每年可获得的碳排放配额总量均为 U_G。

其次，G 需要将其每年的碳排放配额总量分解至下级政府 X、Y 和履约企业总体 G_A，因此 X、Y、G_A 获得的碳排放配额量分别为 U_X、U_Y 和 U_{GA}。X（或 Y）为完成其总量控制目标，将部分碳排放配额分解至碳交易体系 X_A（或 Y_A），同时 X（或 Y）政府继续拥有部分碳排放配额。因此，记 X（或 Y）内履约企业总体 A 和非履约企业总体 B 获得的配额分别是 U_{XA}、U_{XB}（或 U_{YA}、U_{YB}）。

最后，G（或 X、Y）政府除预留部分配额外，需要将履约企业总体的配额 U_{GA}（或 U_{XA}、U_{YA}）分配至该政府履约企业总体内的排放企业 J_1、J_2（或 M_1、M_2，P_1、P_2），记履约企业获得的配额分别为 U_{J1}、U_{J2}（或 U_{M1}、U_{M2}，U_{P1}、U_{P2}），政府预留配额量为 U_{A0}。由于 XB、YB 均为非履约企业总体，X、Y 政府将不向该体系内的排放企业 N_1、N_2（或 Q_1、Q_2）分配配额。

由于 Z 政府不存在碳排放控制目标，Z 政府内不存在排放配额，仅存

在真实的排放量 E_Z，Z 政府内的企业 K_1、K_2、K_3将因此不存在排放配额，仅存在真实的排放量 E_{K1}、E_{K2}、E_{K3}。

（2）履约和考核过程

履约和考核是一个由企业至下级政府再至上级政府的自下而上的过程，其中履约包括两个方面：①上级政府 G 实现其碳排放控制目标的过程，即上级政府 G 范围内的所有下级政府 X、Y 以及企业 J_1、J_2的碳排放量之和不超过上级政府的碳排放配额总量，否则上级政府未完成碳排放总量控制目标。②履约企业总体内履约企业实现其碳排放控制目标的过程，履约企业需在每个履约期末向政府提交与其排放量相等的配额，如果企业向政府提交的配额量低于其排放量，企业将按照交易体系的规则缴纳高额罚款。考核主要指上级政府对下级政府的考核，即下级政府向上级政府提交的配额量将不得低于企业的碳排放量，否则下级政府将接受行政处罚。

（3）交易过程

理论上，在对政府和企业分配了排放配额之后，由于碳排放配额代表着政府和企业对碳排放空间的使用权，可以视为政府和企业各自拥有的财产，因此拥有碳排放配额的政府和政府之间、企业和企业之间、政府和企业之间都能够开展碳排放配额交易。此外，非履约企业总体 X_B、Y_B和 Z 政府内的非履约企业既可以通过出售减排项目的减排量而参与交易，也可以通过购买或出售碳排放配额和二次减排量而参与交易，该区域内金融中介机构还可以开展碳排放配额期权交易和减排量期货交易从而进一步丰富市场交易形式。因此，交易过程将是一个极为复杂的过程。但是，由于不同主体的利益不尽相同，上述理论上的交易过程不能完全实现，即可能出现不同主体之间无法交易或者交易受限的情况。因此，需要对可能存在的碳交易模式进行总结、分析。

3. 碳交易的主要交易模式和处理原则

碳交易拥有三种市场：配额交易市场、减排信用交易市场以及碳金融交易市场。其中碳金融市场是配额交易市场和减排信用交易市场的衍生市场，其实质是对未来碳排放配额期权期货和减排量期货的交易，因此，碳金融市场的交易模式是由配额交易市场和减排信用交易市场确定下来的。

围绕配额交易市场和减排信用交易市场，本节分析了理论上可能出现的所有 30 种交易模式，根据不同交易主体的特点以及交易标的物的特点对这 30 种可能的交易模式进行了分类，并研究提出了对每类交易模式应该采取的交易规则处理原则。

（1）配额交易市场的可能出现交易模式和处理原则

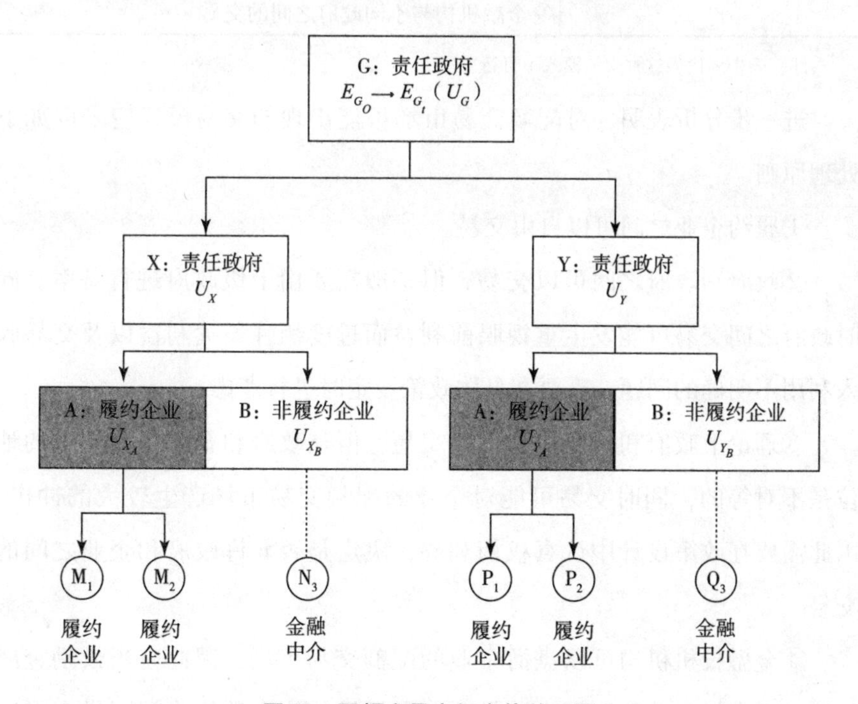

图 10　配额交易市场主体关系图

如图 10 所示，配额交易市场共存在 9 种可能的交易模式，包括履约企业与履约企业、政府与政府、政府与履约企业之间的配额交易，同时包括金融中介机构和政府、履约企业之间的交易。

表 5　　配额交易市场理论上可能发生的交易模式

交易双方	交易模式
履约企业与履约企业（2 种）	①同一政府内履约企业之间的交易
	②不同政府内履约企业之间的交易
政府与政府（1 种）	③不同政府之间的交易
政府与履约企业（2 种）	④政府与其内部履约企业之间的交易 *
	⑤政府与其他政府的履约企业之间的交易 *
金融机构参与交易（4 种）	⑥金融机构与同一政府内履约企业之间的交易
	⑦金融机构与不同政府内履约企业之间的交易
	⑧金融机构与同一政府之间的交易 *
	⑨金融机构与不同政府之间的交易 *

注：表中 * 代表这种交易模式不可行。

进一步分析表明，对配额交易市场可能出现的交易模式应采取如下处理原则。

①履约企业之间可以自由交易。

②政府和政府之间可以交易，但一般需要由上级政府进行备案。同时政府之间交易可能发生重视眼前利益而过度牺牲长远利益以及交易收入利用不明确的问题，需要在具体政策设定时进行考虑。

③理论上政府和企业之间可以交易，但是政府和企业在交易中的地位是不对等的，同时交易可能对企业的配额交易市场产生较大的冲击，因此需要在政策设计中认真权衡利弊，决定是否允许政府和企业之间的交易。

④金融投机机构可以盘活企业的配额交易市场，因此应当鼓励金融机构进入市场，并开展自由交易。金融投机机构和政府之间同样存在着

地位不对等的问题，同时金融活动可能对政府的碳排放配额造成较大的不确定性影响，需要认真研究决定是否允许金融投机机构和政府之间的交易。

（2）减排信用交易市场的交易模式和处理原则

减排信用交易市场的主体包括了履约政府、履约企业、非履约企业、排放企业和金融中介机构，交易标的包括了碳排放配额、初始减排信用[①]和二次减排信用。

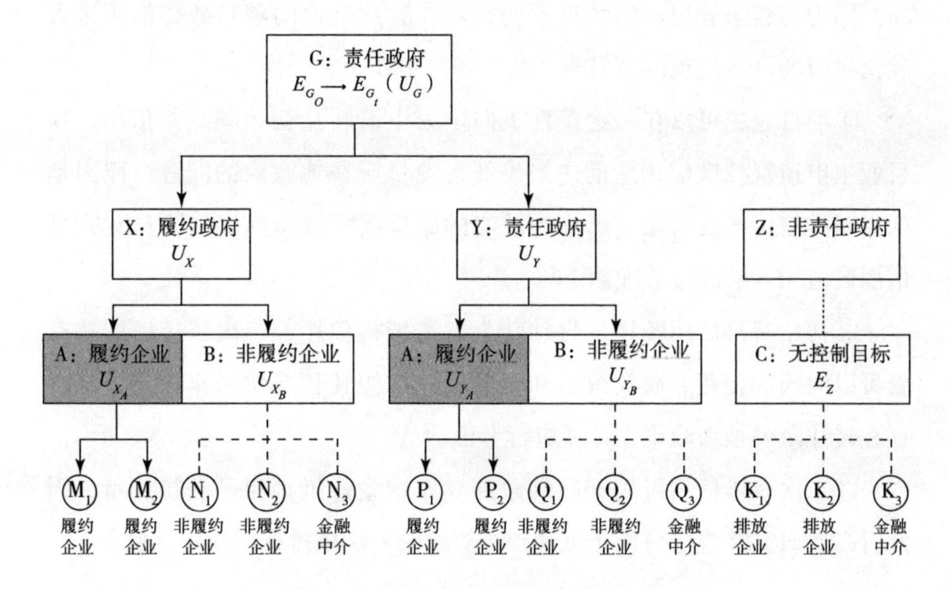

图 11　减排项目交易市场主体关系图

理论分析表明，减排信用交易市场可分为初始减排信用交易市场和二次减排信用交易市场，其中初始减排信用市场包括了 8 种交易模式，二次减排信用市场包括了 13 种交易模式。

减排信用交易市场需要以碳减排信用和碳排放配额等价为前提，同

---

① 初始减排信用指企业实施减排项目产生并被交易的减排信用，初始减排信用发生二次交易后便成为二次减排信用。

时企业应向中央政府申请签发初始减排信用，签发成功后政府的碳排放配额应作等量扣减。签发成功的初始减排信用可以用于交易并同时转为为二次减排信用，履约主体可以使用二次减排信用抵消其排放量以完成对上级政府的履约。

理论分析表明，减排项目是否具有明显“额外性”① 是决定项目减排信用“品质”的重要因素，国家统一设定的碳减排信用计算方法学应当充分保证项目的“额外性”。

因为与碳排放配额的特点不同，对非履约企业的项目减排信用进入碳交易市场可能出现的交易模式的处理原则如下。

①项目业主可以在一定条件下向国家申请转让初始碳减排信用，项目业主申请碳减排信用之前应当先征得项目所在地政府的同意，原因是项目减排信用签发后项目所在地政府的碳排放配额将随即扣除与碳减排信用数值相等的碳排放配额。

②初始减排信用转让后自动转为二次减排信用，二次减排信用持有者可以向履约企业、履约政府和金融中介机构转让二次减排信用，是否存在转让限制须由政策设计者进行考虑。

③二次减排信用可用于履约政府和履约企业抵消自己的排放量，因此有必要研究并规定可用于抵消碳排放量的二次减排信用使用比例。

---

① 额外性是指项目开展自主减排（即国家规定之外的减排），减排结果使项目碳排放量低于国家统一规定的基准值，项目碳排放量与国际基准值之间的差值成为减排量，这种减排量数值越大，说明项目的额外性越明显。

第3章

全球典型碳交易市场制度实证分析

碳交易制度理论与碳交易实践之间存在着辩证的相互促进关系。本章将运用本书第二章提出的碳交易制度理论框架和碳交易制度主体关系与交易模式分析模型，来分析几个全球典型碳交易市场的制度特点，并进一步总结全球典型碳交易市场制度要素的变化趋势及对我国建立碳交易制度的启示。

一、《京都议定书》下的碳交易制度

《京都议定书》下的碳交易市场是全球各国在气候变化谈判下形成的国际性市场。通过为附件Ⅰ国家规定具有法律约束力的量化控排目标，并允许附件Ⅰ国家通过开展排放交易（ET）、联合履行（JI）以及清洁发展机制（CDM）等三种方式的碳交易方式完成控排目标，推动了议定书主要缔约方国家政府的广泛参与。因此，《京都议定书》下的碳交易市场是国际范围内、主权国家之间开展碳交易的首次尝试，是政府之间开展碳交易的制度原型，并在一定程度上代表了未来国际碳交易的组织模式。

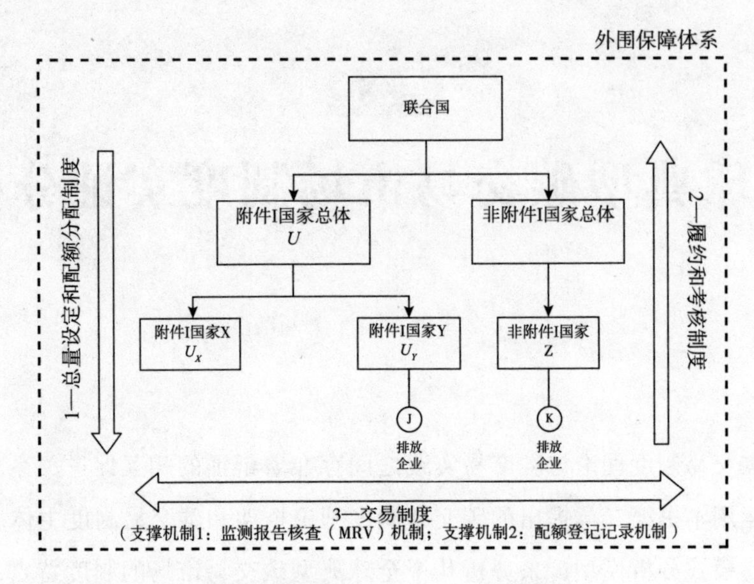

图 12 《京都议定书》下主体关系图

(1) 总量设定和配额制度

根据“共同但有区别的责任”原则，联合国对附件 I 国家设置了总体排放控制目标，转化为了碳排放配额总量 U（图 12），而非附件 I 国家不承担定量控排目标。因此从全球看，议定书下的碳交易制度不存在绝对的总量控制，而是针对其附件 I 国家的局部总量控制。对附件 I 国家的总量控制方式是：在履约期内（第一履约期为 2008 ~ 2012 年）必须保证年均排放量比 1990 年水平下降 5.2%。因此国际碳交易市场的碳排放配额（AAU）总量 = 1990 年附件 I 国家温室气体排放量 × 5 年 × 94.8%。

附件 I 国家的总体碳排放[①]控制目标，通过谈判的方式在各附件 I 国家之间进行分配。最终结果为，参考 1990 年排放量，欧盟大部分国家减排 8%，匈牙利、波兰减排 6%，捷克、克罗地亚减排 5%，日本减排 6%，美国减排 7%，加拿大减排 6%，俄罗斯、乌克兰、新西兰维持不

① 包括所有 6 种温室气体排放。

变，澳大利亚增排8%，冰岛增排10%，挪威增排1%。

（2）履约和考核制度

议定书设定的第一承诺期（履约期）为2008～2012年，履约期结束之后再对各附件I国家进行履约考核。届时各附件I国家政府需要向联合国提交排放配额和项目减排信用，提交的配额和减排信用数量不能低于其2008～2012年期间的温室气体实际排放总量，否则就视为未完成履约任务。未履约的国家需接受相应的惩罚，包括：暂停其参加碳交易活动的资格，从下一承诺期的配额数量中扣除其超额排放数量的1.3倍的配额，同时附件I国家需制定并提交一份新的履约计划。

（3）交易制度

《京都议定书》规定，只有其缔约方才能参与碳交易，因此议定书下的碳交易市场的交易主体是各个缔约国政府，包括附件I国家政府和非附件I国家政府。缔约国政府要参加碳交易，还需要在国家登记簿设置、国家温室气体排放清单编制、设置相应的国家主管部门等方面达到联合国的具体要求。在实际碳交易中，由于部分附件I国家将减排任务下达给国内的排放企业，而且基于减排项目的交易需要相应的项目业主参与，所以参与交易的更多是这些缔约方国家内的企业。但是这些交易必须首先得到相应缔约方政府的批准，所以归根结底参与碳交易的仍旧是缔约方国家政府。

交易模式分为三类：第一类是附件I国家X和附件I国家Y之间的配额交易，即X国可向Y国购买或出售碳排放配额，称为排放交易（ET）；第二类是附件I国家X和附件I国家Y的企业J之间开展的减排项目交易，即Y国的排放企业J可以将减排项目的减排量出售到X国政府，称为联合履行（JI）；第三类是附件I国家X和非附件I国家Z的企业开展的减排项目交易，即Z国的企业K可将减排项目的减排量出售到X国政府，称为清洁发展机制（CDM）。

市场交易的标的主要包括配额排放单位（AAU）、减排单位（ERU）以及核证减排量（CER）和清除单位（RMU）四种。其中AAU、ERU、CER的有效期未做明确规定，RMU的有效期至2012年底。

市场交易的价格一般由交易双方协商确定。有些国家从保护本国利益的角度出发，对碳交易价格作出规定。如我国参与CDM碳交易合作时，政府对不同类型的项目设定了不同的底价要求。

附件I国家在履约结束后剩余的排放配额和减排信用（AAU、ERU、CER）均存储至下一履约周期内，但存储配额和减排信用总量不得超过国家被分配的碳排放配额（AAU）的2.5%，清除单位（RMU）不得存储至下一履约期。对预借规则没有做出明确规定，一般认为不可预借。

（4）监测报告核查机制

为准确测量各附件I国家的实际温室气体排放量，附件I国家需每年按照IPCC编制的温室气体排放清单编制指南编写国家温室气体排放清单，排放清单覆盖各国所有6种温室气体排放数量，并将清单按要求提交给《气候变化框架公约》秘书处。后者将组织国际审评专家组，对温室气体排放清单和信息通报结果的真实性进行审评。

（5）配额登记记录机制

附件I国家需建立国际注册系统以对其排放配额和减排信用的持有量以及其获取、转让、注销、回收与存储过程进行详细记录，联合国设立了国际交易日志（ITL）记录了京都单位（AAU、ERU、CER）的签发、交易转让和注销过程，ITL已与各国的国家注册系统进行连接。非附件I国家只能参与CDM碳交易，相应的CDM登记簿由联合国气候公约秘书处代为建立，并与ITL相连接。

（6）外围保障体系

为实现对整个碳交易市场的管理，设立了《联合国气候变化框架公约》缔约方大会（COP）作为最高管理结构，并下设公约秘书处进行日常管理。COP 还下设了附属科学技术咨询机构（SBSTA）和附属履行机构（SBI）提供有关咨询信息，并协助缔约方大会评估和审定公约的有效履行。

《京都议定书》是国际碳交易市场建立的国际法律基础，规定了发达国家的定量减排任务（相当于分配）、各国编制温室气体排放清单的义务、各国之间开展减排合作的三种灵活机制，对各国遵约的评价安排，以及对未完成目标的国家进行处罚等内容。《马拉喀什协定》等相关缔约方大会决议、公约秘书处的有关法规等则进一步规定了相应的操作性细则。

在上述碳交易制度下，形成了覆盖全球所有《京都议定书》的缔约国和全部行业范围和所有 6 种温室气体的国际碳交易市场。市场内企业在相应国家政府的授权下，或者国家政府部门直接参与到三种灵活机制的碳交易活动之中。对应交易标的包括配额排放单位（AAU）、减排单位（ERU）、核证减排量（CER）及清除单位（RMU）等四种。总体市场结构中，一级市场中各附件 I 国家的碳排放配额由联合国免费分配；二级市场中主要由附件 I 国家和附件 I 国家之间相互交易配额和项目减排信用和附件 I 国家购买非附件 I 国家的减排信用等两种交易模式构成。《京都议定书》下的碳市场是全球覆盖范围最广的碳市场。

表 6　《京都议定书》灵活机制确定的国际碳交易市场的制度设计

<table>
<tr><td rowspan="3">市场体系</td><td>市场范围</td><td>地域范围：所有《京都议定书》缔约方均可参与；
行业范围：所有行业参与；
温室气体范围：所有温室气体种类参与</td></tr>
<tr><td>主体结构</td><td>交易主体：国家；
买方：附件 I 国家；
卖方：附件 I 国家和非附件 I 国家</td></tr>
<tr><td>客体结构</td><td>交易标的：配额排放单位（AAU）、减排单位（ERU）、核证减排量（CER）及清除单位（RMU）等四种；
市场类型：二级市场</td></tr>
</table>

续表

制度框架	总量设定和配额分配制度	总量目标：附件Ⅰ国家2008～2012年期间的温室气体排放量比1990年水平下降5.2%； 分配原则：仅对附件Ⅰ国家分配； 分配方法：免费分配，谈判确定
	履约和考核制度	履约标准：附件Ⅰ国家必须提交不低于其2008～2012年期间的温室气体排放总量的排放配额及项目减排信用； 履约周期：5年； 惩罚机制：暂停附件Ⅰ国家参加碳交易活动的资格；如其排放量超过控排目标，还将在其下一承诺期的排放目标中扣减超量排放1.3倍的排放指标
	交易制度	交易主体资格：必须是《京都议定书》缔约国； 交易标的：包括额排放单位（AAU）、减排单位（ERU）、核证减排量（CER）及清除单位（RMU）四种； 交易模式：分为排放交易（ET）、联合履行（JI）和清洁发展机制（CDM）三类。ET是附件Ⅰ国家之间交易排放配额（AAU）的行为，JI是附件Ⅰ国家之间交易减排信用（ERU）的行为，CDM是附件Ⅰ国家向非附件Ⅰ国家购买核证减排量（CER）的行为； 交易规则：ET——附件Ⅰ国家间的AAU交易应得到联合国的批准，国家最多交易的AAU数量是国家碳排放配额总量的10%，同时国家需将交易收入用于应对气候变化相关领域；JI——附件Ⅰ国家的ERU交易需同时得到减排项目所在国和联合国的批准，交易成功后出售ERU的国家的排放配额总量（AAU）将进行等量扣减，ERU和CER共同用于附件Ⅰ国家抵消其温室气体排放量，ERU和CER的使用仅发挥补充性作用；CDM——附件Ⅰ国家和非附件Ⅰ国家的CER交易需同时得到非附件Ⅰ国家和联合国的批准，CER和ERU共同用于附件Ⅰ国家抵消其温室气体排放量，CER和ERU的使用仅发挥补充性作用； 交易价格：协商确定； 配额有效期：暂未规定； 存储预借规则：AAU、ERU、CER允许存储，最大存储量不超过国家配额总量的2.5%，RMU不允许存储；未规定预借规则； 市场调控机制：未规定
	监测报告核查机制	监测：附件Ⅰ国家每年编写一次国家温室气体排放清单，国家清单覆盖了国家内部的全部行业和全部6种温室气体排放； 报告：附件Ⅰ国家应及时向联合国提交国家温室气体排放清单； 核查：专家组对附件Ⅰ国家的温室气体排放清单进行评审

续表

制度框架	配额登记记录机制	设立国际交易日志 ITL 和国家注册系统； 国家注册系统记录附件 I 国家各自的京都单位持有情况和获取、转让、注销、回收与存储情况； ITL 记录每一京都单位（AAU、ERU、CER）的发放、交易转让过程
	外围保障体系	管理机构：公约缔约方大会（COP）及公约秘书处（EB），同时包括附属科学技术咨询机构（SBSTA）和附属履行机构（SBI）两个辅助机构； 法律法规：《京都议定书》以及《马拉喀什协定》等相关联合国大会决议、EB 相关规定

二、欧盟碳交易体系的制度安排

欧盟碳交易体系是世界范围内第一个大规模企业间开展碳交易的实践，是目前全球碳交易市场的主要交易量和交易金额的所在，是欧盟应对气候变化的旗帜性政策，也是其低碳发展政策的核心。欧盟碳交易体系自 2005 年建立以来，已经运行了 7 年，碳交易制度不断完善，同时积累了丰富的市场实践经验，成为众多碳交易相关研究的主要目标对象。而且后续准备建立的碳交易市场也都将其作为市场构建主要参考对象。欧盟碳交易体系的制度安排对各国乃至世界碳交易市场的发展产生了深远影响。

1. 简介

在《京都议定书》下，欧盟 15 国将作为一个整体，在 2008 ~ 2012 年期间的碳排放量比 1990 年排放水平降低 8%。欧盟为更好地实现控排目标，进一步降低减排成本，于 2005 年在欧盟内部建立了企业级的碳交易体系，即欧盟排放交易体系（EU ETS）。欧盟排放交易体系目前已经开展了两个阶段，其中第一阶段（2005～2007年）为试运行阶段，主要目的是“在行动中学习”，为关键的下一阶段积累经验；第二阶段（2008～2012年）与《京都议定书》的履约期相对应，主要目标是帮助欧盟各成员国实现其在《京都议定书》中的减排承诺。从2013年开始，欧盟排放交易体系将进入第三阶段①（2013～2020年），第三阶段将为欧盟顺利实现2020年控排目标发挥重要作用。

欧盟排放交易体系第一阶段的总减排目标是完成《京都议定书》所承诺目标的45%，覆盖国家范围涵盖了欧盟25国（包括15个原成员国和10个新加入的成员国），参与交易的行业包括电力和热力生产、钢铁、石油精炼、化工、玻璃陶瓷水泥等建筑材料以及造纸印刷等，交易主体是上述重点行业中的约11000家排放设施，交易标的仅包括二氧化碳排放配额一种。

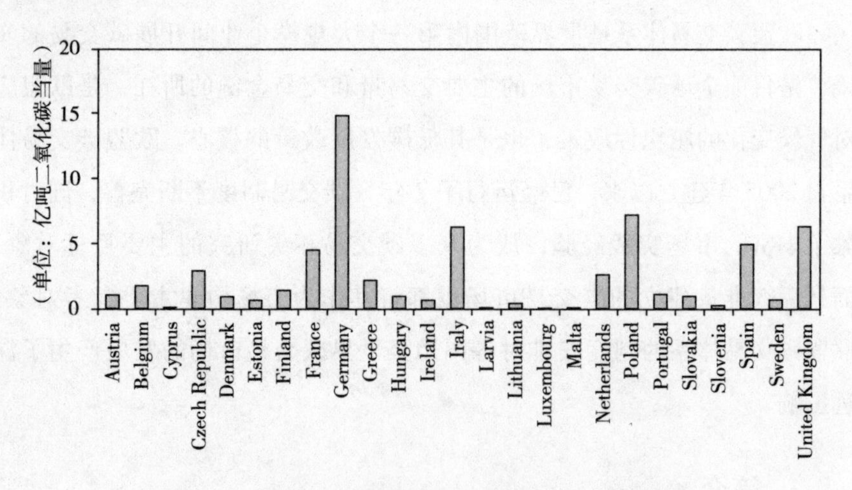

图13　第一阶段欧盟各成员国的排放配额分配数量

---

① 本文所指的欧盟碳交易体系第三阶段，不仅仅指EU ETS的第三阶段，而是对应于2013～2020年期间欧盟为实现其20%减排目标而设置的总体碳交易市场，包括成员国政府之间的碳交易行为。

根据欧盟独立日志（CITL）的有关数据，欧盟排放交易体系第一阶段的碳排放配额总量约 62.5 亿吨二氧化碳当量，其中德国获得的配额最多，约占欧盟全部配额的 24%，波兰约占 11%，意大利和英国各约占 10%，西班牙和法国紧随其后（见图 13）。从行业部门来看，电力和供热行业获得了约 70% 的配额，水泥石灰、石油精炼以及钢铁分别占 9%、7% 和 6%。

欧盟排放交易体系第二阶段的覆盖范围比第一阶段有所扩大。国家范围上，增加了保加利亚和罗马尼亚等两个新的欧盟成员国和挪威、冰岛、列支敦士登等三个非欧盟成员国；行业范围上，2012 年将航空业纳入到排放交易体系内；覆盖温室气体范围不变，仅包括二氧化碳一种。

根据 CITL 的数据，第二阶段的碳排放配额总量约 82.3 亿吨二氧化碳当量（截至 2011 年），德国仍为获得配额总量最多的国家，约占全部配额总量的 21%，英国、意大利、波兰分别占 12%、10% 和 10% 左右。

欧盟排放交易体系第一阶段和第二阶段的制度设计基本相同，以下以第二阶段为例说明其主要制度设计思路。

2. 第二阶段制度设计

（1）总量设定和配额制度

如图 12 所示，欧盟同样将其在《京都议定书》下的国际减排承诺目标转化为总量控制目标 UG，并且对各成员国（例如 X、Y）分配了碳排放配额。例如，德国、丹麦的控排目标为下降 21%，英国的控排目标为下降 12.5%，这一绝对量化控排目标将转化为相应配额总量。同时，欧盟为进一步降低减排成本，于 2005 年在欧盟内部建立了企业级的欧盟排放交易体系（EU ETS），即由各个成员国选取排放量较大的企业设置总量控制目标。相当于每个成员国（例如 X）将其总量控制目标 UX 分为两部分，第一部分分给纳入 EU ETS 体系的履约企业 M1、M2，第二部分由成员国政府进行管理。

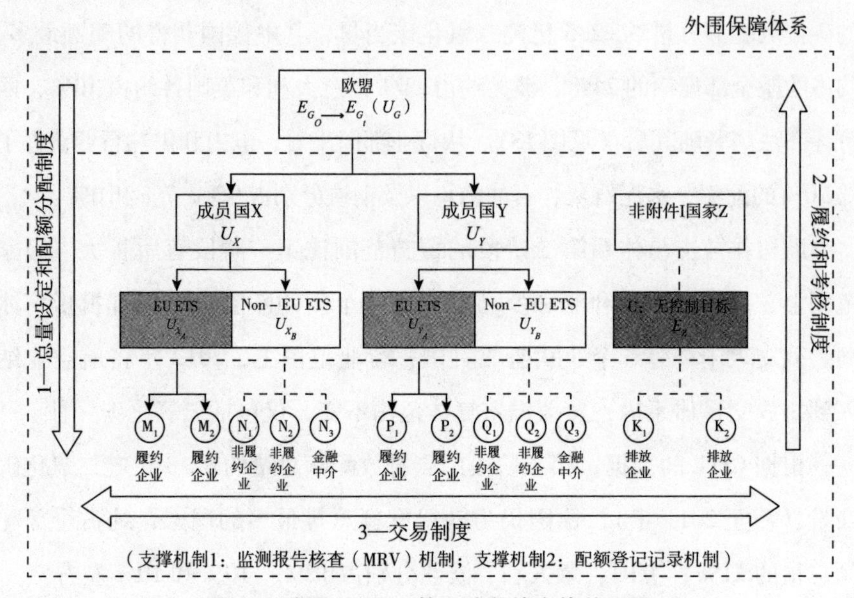

图 14　欧盟 EUETS 第二阶段的主体关系图

欧盟排放交易体系是一个对其覆盖范围内的履约企业实行绝对总量控制的市场。在第二阶段，欧盟将决定排放配额总量的权力赋予了各成员国，各成员国制定国家分配方案，决定本国区域内纳入 EU ETS 企业的排放配额总量，并提交欧洲委员会批准。因此，欧盟排放交易体系第二阶段的总量目标实际上是各成员国自行制定的总量控制目标的加总，欧洲委员会仅是对上述目标总量和各成员国总量进行了少量调整，这是由欧盟仅是一个国际组织而不是统一国家的实际情况决定的。调整的最终结果是，欧盟排放交易体系第二阶段覆盖主体的二氧化碳排放量占欧盟二氧化碳排放总量的45%，该阶段的总体控排目标是欧盟排放交易体系覆盖范围内的温室气体排放量比 2005 年水平下降 6.5%。

欧盟排放交易体系的总量目标仅对履约企业分配，事实上这一分配已经精确到装置级，即对履约企业内的每个符合条件的装置、设备进行单独分配。按照法律规定，欧盟排放交易体系的配额分配是由各成员国自行决定的，各成员国可以按照自己的实际情况对其履约企业进行分配。欧盟规定各国分配需遵循以下基本原则：①成员国应根据不同行业活动的技术和经济减排潜力决定不同行业的配额量，即成员国需要大致确定履约企业所属行业的配额总量，然后再对该行业内的履约企业进行分配，对减排潜力较大的行业分配配额相对偏紧，对减排潜力较小的行业的配额分配相对宽松；②不得过分地照顾特定的行业或企业；③各成员国应明确提出对市场新进入者的配额分配方法；④不过分照顾已经实施了清洁技术（包括能效提高技术）的企业，即不向它们提供超过它们实际排放水平的配额；⑤各成员国可以对易受欧盟以外国家或经济实体竞争影响的行业做出有限的保护措施，但是成员国必须说明做出上述措施的主要原因，不能仅将竞争力受影响作为唯一原因。

各成员国的配额分配以免费分配法为主，拍卖法分配的排放配额不超过配额总量的10%，实际上最终采用拍卖方进行分配的配额总量仅占欧盟排放交易体系配额总量的4%左右。在免费分配的配额中，大部分行业采用历史排放法进行分配，仅对电力行业和2012年新加入的航空业采用行业基准线法进行分配。

欧盟各成员国自行确定的该国履约企业总量控制目标和配额分配方法均需在其《国家分配方案》中进行明确规定，最终分配结果见表7。各成员国在制定《国家分配方案》的过程中需进行第一轮公众咨询，随后将修改结果提交至欧洲委员会，欧洲委员会审核修改后该方案将返回至该成员国，此时成员国需对如何落实欧洲委员会的修改意见进行第二轮公众咨询，第二轮咨询后将正式确定各国履约企业的排放配额总量和配额分配方法。按照规定，成员国需一次性确定某履约装置（设备）5年的排放配额总量，随后于每年2月28日之前对该装置当年的排放配额进行分配，对该装置每年分配的配额量可以不均等，但是各成员国需解释这样操作的原因。

表 7　　欧盟 29 个成员国第二阶段国家分配方案

国家	申请排放量（$MtCO_2e/a$）	允许排放量（$MtCO_2e/a$）	排放量调整比例（%）	配额所占比例（%）	2005 年经修正排放量（$MtCO_2e/a$）	相对 2005 年排放量变化（%）	CDM/JI 使用上限（%）	最大 CDM/JI 需求量（$MtCO_2e/a$）
奥地利	32.8	30.7	-6.4	1.5	33.8	-9.0	10.0	3.1
比利时	63.3	58.5	-7.6	2.8	60.6	-3.4	8.4	4.9
保加利亚	67.6	42.3	-37.4	2.0	40.6	4.2	12.6	5.3
塞浦路斯	7.1	5.5	-23.0	0.3	5.1	7.5	10.0	0.5
捷克	101.9	86.8	-14.8	4.1	82.5	5.2	10.0	8.7
丹麦	24.5	24.5	0.0	1.2	26.5	-7.5	17.0	4.2
爱沙尼亚	24.4	12.7	-47.8	0.6	12.9	-1.6	0	0
芬兰	39.6	37.6	-5.1	1.8	33.5	12.2	10.0	3.8
法国	132.8	132.8	0.0	6.3	136.4	-2.6	13.5	17.9
德国	482.0	453.1	-6.0	21.6	485.0	-6.6	20.0	90.6
希腊	75.5	69.1	-8.5	3.3	71.3	-3.1	9.0	6.2
匈牙利	30.7	26.9	-12.4	1.3	27.4	-1.9	10.0	2.7
爱尔兰	22.6	22.3	-1.2	1.1	22.4	-0.3	10.0	2.2
意大利	209.0	195.8	-6.3	9.3	225.5	-13.2	15.0	29.4
拉脱维亚	7.7	3.4	-55.5	0.2	2.9	18.3	10.0	0.3
立陶宛	16.6	8.8	-47.0	0.4	6.7	32.3	20.0	1.8

续表

国家	申请排放量（$MtCO_2e/a$）	允许排放量（$MtCO_2e/a$）	排放量调整比例（%）	配额所占比例（%）	2005 年经修正排放量（$MtCO_2e/a$）	相对 2005 年排放量变化（%）	CDM/JI 使用上限（%）	最大 CDM/JI 需求量（$MtCO_2e/a$）
卢森堡	4.0	2.5	-36.7	0.1	2.6	-3.8	10.0	0.3
马耳他	3.0	2.1	-29.1	0.1	2.0	6.1	—	—
波兰	284.6	208.5	-26.7	9.9	209.4	-0.4	10.0	20.9
葡萄牙	35.9	34.8	-3.1	1.7	37.2	-6.4	10.0	3.5
罗马尼亚	95.7	75.9	-20.7	3.6	70.8	7.2	10.0	7.6
斯洛伐克	41.3	32.6	-21.1	1.6	27.0	20.8	7.0	2.3
斯洛文尼亚	8.3	8.3	0.0	0.4	8.7	-4.6	15.8	1.3
西班牙	152.7	152.3	-0.3	7.3	195.6	-22.1	20.0	30.5
瑞典	25.2	22.8	-9.5	1.1	21.3	7.0	10.0	2.3
荷兰	90.4	85.8	-5.1	4.1	84.4	1.7	10.0	8.6
英国	246.2	246.2	0.0	11.7	281.9	-12.7	8.0	19.7
EU27 国总计	2325.3	2082.7	-10.4	99.3	2213.8	-5.9	13.4	278.3
EU15 国总计	1636.5	1568.8	-4.1	74.8	1717.9	-8.7	14.5	227.0
EU12 国总计	688.9	513.8	-25.4	24.5	496.0	3.6	10.0	51.4
列支敦士登	—	0	—	0	—	—	8.0	0
挪威	—	15.0	—	0.7	18.0	-16.7	20.0	3.0
总计	—	2097.7	—	100.0	2231.8	-6.0	13.4	281.3

各成员国对市场新进入者和市场退出者均进行了明确规定。①对于市场新进入者，欧盟国家普遍采用了设置配额储备库法并对新进入者进行分配，分配方法一般是基于行业基准线的免费分配法。配额储备库占各国配额总量的比例各不相同，意大利较高，占16%左右，而德国仅占1%。当储备配额出现剩余时，各国处理方式各不相同，英国对该部分剩余配额进行拍卖，意大利将该部分剩余配额免费分配至现有装置，而德国和法国决定将剩余配额废除。②对于市场退出者，欧盟国家普遍不支持清除它们未使用的配额，因为这样更加说明对装置免费分配配额实际上是对其的一种补贴。欧盟国家目前对市场退出者实施三种处理方法：一是允许退出装置保留其剩余配额，例如荷兰和瑞典；二是将关闭装置的剩余配额转移至现有装置，例如德国和意大利，这种方法是导致市场上配额供应量大于需求量的一个原因；三是将关闭装置的剩余配额转移至政府配额储备库。

（2）履约和考核制度

各成员国政府对其在EU ETS内的企业履约情况实施年度考核，规定履约企业须在每年规定时间内提交上一年度的经第三方机构核实的温室气体排放量以及与其排放量相等的排放配额总量，证明企业完成了履约目标，否则视为未完成，将面临成员国政府的惩罚。惩罚方法包括三方面：一是经济处罚，对每吨超额排放量罚款100欧元；二是公布违法者姓名；三是要求违约企业在下一年度补足与本年度超额排放量相等的排放配额。

由于欧盟排放交易体系第二阶段与联合履行项目（JI）市场和清洁发展机制项目（CDM）市场进行了连接，所以欧盟排放交易体系的履约企业可以使用JI项目和CDM项目产生的减排信用（ERU、CER）帮助其完成履约任务，但其使用有总量限制，而且各国有所差别。

（3）交易制度

从交易主体的角度来看，除履约企业外，任何自然人和法人（包括非履约企业、金融投资机构、中介机构等）均可以购买并持有配额。EU ETS 的主体包括了履约企业（例如 M_1）、非履约其他总体内的非履约企业（例如 N_1）、金融中介（例如 N_3）以及非附件 I 国家的排放企业（例如 K_1），而不包括政府。

欧盟排放交易体系第二阶段的交易标的包括了欧盟排放配额（EUA）、JI 项目的减排单位（ERU）、CDM 项目的核证减排量（CER）以及上述交易标的的期货期权形式等。其中 EUA 及其期货、期权属于碳排放配额，ERU、CER 及其期货、期权属于碳减排信用。

在配额交易方面，具体的交易模式包括了履约企业 M_1 和本国履约企业 M_2、履约企业 M_1 和其他国家履约企业 P_1，以及履约企业 M_1 和金融中介 N_3 之间的交易。根据碳交易制度主体关系分析模型的分析结果，履约企业之间以及履约企业和金融中介之间的交易都属自由交易，政府不必干涉。在 EU ETS 的实际做法中，同样赋给履约企业和金融机构足够的自由性，鼓励履约企业和金融机构参与交易。

在项目减排交易方面，具体的交易模式包括履约企业购买项目减排量、金融机构购买项目减排量以及金融机构交易二次减排量三种模式。

①履约企业购买项目减排量。具体可以分为履约企业购买 JI 项目减排量 ERU 以及履约企业购买 CDM 项目减排量两种情况。欧盟对 ERU 和 CER 的来源做出了严格规定：不接受土地利用、土地使用变更和林业项目（LULUCF）的减排量；对装机容量超过 20MW 的水电项目的减排量，要求其必须达到世界大坝委员会的相关标准后才能进入欧盟排放交易体系。欧盟同时对减排量（ERU 和 CER）的使用做出严格限制，规定使用减排量（ERU 和 CER）仅能部分用于抵消碳排放，为此，欧盟各国对使用碳减排信用占碳排放的比例上限进行了设置，例如爱沙尼亚的使用上限为 0，而德国的使用上限达到了 20%。总体来看欧盟排放交易体系范围内的碳减排信用使用平均比例为 13.4%，有不少批评者认为这一数值过高，认为欧盟可以由此

轻易地完成2008～2012年期间的温室气体排放总量控制目标。

②金融机构购买碳减排信用。具体可分为金融机构购买JI项目减排量ERU以及履约企业购买CDM项目减排量两种情况。欧盟要求项目所在国政府以及联合国需同时批准该减排项目，同时要求附件I国家扣减相应的减排量。

③金融机构交易二次减排量。实际上欧盟鼓励金融机构开展二次减排量交易。

在第二阶段，配额在被提交之前或者因为违反规定等种种原因被注销之前一直有效。第二阶段结束后，所有配额均将失效，第二阶段存储的配额将由欧盟核发等量的配额。在EU ETS的第二和第三阶段之间，成员国将允许把第二阶段剩余的配额储存至第三阶段使用，但EU ETS规定政府主管部门将在第三交易阶段开始四个月后清除第二交易阶段失效的、尚未上交的、未被清除的配额，并在第三交易阶段向配额持有人发放等额的配额代替上述被清除的配额量。EU ETS第二阶段禁止配额的预借。

在第二阶段，一级市场大多是政府免费分配配额，价格为零；二级、三级市场价格主要由供需影响，长期来看受欧盟控排目标、各国指标分配影响，短期来看主要受到经济形势和能源市场（煤、石油、天然气）价格影响，价格波动性较大。特别是受近期发生的欧债危机以及欧盟排放交易体系第二阶段即将到期的影响，市场配额供给远大于需求，市场价格一路下跌。

（4）监测报告核查机制

在监测和报告方面，欧盟明确要求所有履约企业需按照欧盟制定的标准方法对其温室气体排放量进行监测，经第三方机构核证后向政府提交。为此，通过了《监测和报告温室气体排放量的指南》并进行多次修改，第二阶段的监测和报告主要包括以下内容：监测和报告的原则、被监测的排放源的物理边界的界定、监测的方法和计划、报告的格式和种类、监测和报告的质量控制、核实的原则和方法、不同活动类型的数据和排放值，以及对低排放源的监测和报告要求。

在排放量核证方面，欧盟明确规定企业提交的温室气体排放量必须经过核证。为此，欧盟出台了相关法律，规定了核证的原则和方法。目前，核证的一般原则包括四条：①核证应验证装置的排放量监测系统和企业所报告的与排放量有关的数据、信息的可靠性、可信性和准确性；②只有根据可靠的和可信的数据和信息、能够比较确定地计算出排放量时，排放量才能被核证为有效的；③核证人员应有权进入所有场地和获得所有信息；④核证人员应考虑装置是否注册了欧盟的生态管理和审计系统。核证方法一般包括战略分析、过程分析、风险分析等，最后核证人员按要求编制核证报告。

（5）配额登记记录机制

每个欧盟成员国均建立了各自的国家登记系统，欧盟则建立了欧盟独立交易日志。欧盟独立交易日志既与各成员国的国家登记系统实现了连接，又与联合国的国际独立交易日志相连接。欧盟专门制定了《标准化的和安全的登记系统条例》，规定了上述欧盟和国家登记系统的建立、运行和维护要求，以及所有有关记录EUA和CER、ERU的发放、持有、转让、上交、清除、储存和代替的程序和步骤。欧盟同时规定每个成员国都应任命一个登记行政官，负责本国登记系统的操作与维护，确保系统信息的准确性，并按照规定公开信息。

（6）外围保障体系

欧盟统一负责搭建其碳排放交易体系的整体制度框架，相应的实施细则由各个成员国政府出台，相关的具体操作也是由成员国相应的部门执行。

2003年通过的《建立欧盟温室气体排放配额交易机制的指令》[①] 是欧

① DIRECTIVE 2003/87/EC OF THE EUROPEAN PARLIAMENT AND OF THE COUNCILof 13 October 2003establishing a scheme for greenhouse gas emission allowance trading within the Community an-damending Council Directive 96/61/EC（Text with EEA relevance）. OJ L 275，25. 10. 2003.

盟排放交易体系的基本法律，随后该指令于2004年、2008年和2009年经历了三次修改，为欧盟排放交易体系的设计和运行起到了极其关键的作用。欧盟还在监测报告核证、配额登记记录等方面进一步出台有关标准和指南，形成了欧盟范围内统一的、相互衔接的碳交易法律体系。欧盟各成员国则各自制定了与欧盟法律相适应的法律体系，其中国家分配法案是各国参与欧盟排放交易体系的基本前提。

在监管体系方面，欧盟排放交易体系的监管实现了和欧盟其他市场监管体系的连接，形成了政府监管、交易所监管、第三方机构监管、社会公众监督的各方独立运作且有机配合的监管体系，建立了包括碳交易信息披露制度、市场滥用防控制度、碳排放核证制度、碳金融业务风险管理制度在内的一整套监管制度，同时加强制定了相关的违约处罚机制。

欧盟排放交易体系只是实现欧盟温室气体控排目标的手段之一，碳交易与其他法律手段、行政手段、经济手段（包括市场、税收、财政等）相协调，一同构成了欧盟控制温室气体排放的管理手段。法律手段是行政手段和经济手段的基础和前提，欧盟大多数的控制温室气体排放管理手段都是通过法律形式确定下来的。行政手段一般包括标准、规范、限额等，如欧盟的Large Combustion Plant（LCP）和Integrated Pollution Prevention and Control（IPPC）Directives对排放标准进行了规定，这些行政标准、规范是纳入欧盟排放交易体系的履约企业的最低入选要求。经济手段方面，欧盟排放交易体系是从生产端控制碳排放的手段，通过对主要企业的碳排放总量设定限值而最终实现控排目标；税收手段是从消费端控制碳排放，通过对个人驾驶汽车、使用化石燃料和小型企业燃烧化石燃料征收碳税、能源税、交通税等方法控制碳排放；节能量交易（也称白色证书）是通过对电力运营商（例如电网公司）设立节能目标，从而带动消费端节能的做法实现碳减排；可再生能源配额制（也称绿色证书）则是积极发展可再生能源、绿色能源的机制。此外，欧盟还通过补贴政策推动碳减排技术和低碳能源的研究与开发，通过设置能源标签、生态标签刺激和鼓励居民购买低污染、低排放的产品等。

3. 第三阶段制度变化

从 2013 年起，欧盟排放交易体系将进入第三阶段（2013～2020 年）。第三阶段是为欧盟实现 2020 年温室气体排放量比 1990 年水平减排 20% 的目标而设计的，因此该阶段最大的变化就是欧盟排放交易体系覆盖主体范围涵盖了整个欧盟地区，欧盟各国家的政府将同原本的履约企业一起成为碳交易的市场主体，因此相应的交易制度将会发生较大变化。

（1）总量设定和配额分配制度

在第三阶段，欧盟整体的碳排放目标是到 2020 年比 1990 年水平下降 20%。其中又分为企业间市场（EU ETS）和非 ETS（Non－ETS）两部分。各部分排放控制目标均由欧盟委员会统一设定，其中 EU ETS 部分到 2020 年比 2005 年下降 21%，Non－ETS 部分到 2020 年比 2005 年下降约 10%。还对每年的排放总量做出了规定，欧盟整体的排放配额总量将以线性的方式逐年递减，递减的基点是 2008 至 2012 年间各成员国根据国家分配方案发放的配额总量的年平均值，递减的幅度是每年在上一年的基础上减少 1.74%，这意味着第三阶段每年的配额总量将从 2013 年的 19.74 亿 EUA 线性递减至 2020 年的 17.2 亿 EUA，平均每年为 18.46 亿 EUA。

在分配方式方面，将取消各成员国分别制定国家分配方案的形式，改为由欧盟委员会同意设定碳交易市场内的配额总量和分配方法。从分配流程看，欧盟首先将配额分配至成员国政府，再由成员国政府对其管辖的履约企业分配配额。从分配方法看，在对政府分配配额的过程中，88% 的配额总量按照各成员国温室气体排放量占欧盟温室气体排放总量的比例分配，10% 将以照顾低收入国家和经济快速发展的国家的原则进行分配，剩余2%的配额将分配至2005年其温室气体排放量较之《京都议定书》规定的基准年排放量至少减排20%的国家。各成员国对企业的分配则以拍卖为主，免费分配部分按欧盟统一制定的行业基准线进行分配。最后结果是，至少60%的配额用于拍卖（未来这一数值将逐步向100%过渡），对电力、碳捕获、运输与储存行业将拍卖全部配额，对工业和供热企业中有严重碳泄漏风险的行业100%免费分配配额，其他行业"过渡性免费"获得80%的指标，但这一比例逐步下降，到2020年逐年等比下降到30%。

欧盟对排放配额拍卖的收入进行了严格的规定，拍卖收入将主要用于减排温室气体、适应气候变化影响、资助减缓和适应气候变化的科学研究、开发可再生能源和提高能效技术、温室气体捕获与封存，以及支持全球能效和可再生能源基金和气候变化适应基金、帮助发展中国家适应气候变化等方面。此外拍卖收入还用于支付管理排放交易机制的行政费用。

第三阶段对市场新进入者和市场退出者的配额分配方法发生了一定变化。

①对于新进入者：欧盟规定新进入者指2011年6月30日以后首次取得温室气体排放许可证的装置或者进行了10%以上大幅扩建的装置。从该阶段开始，欧盟决定建立欧盟范围内统一的新进入者储备库，规定其指标储备量最高可达欧盟整体排放指标的5%。欧盟针对新进入者适用统一的分配规则，即原则上新进入者将适用与现有装置相同的指标分配方法。例如电力新进入者需采用拍卖方式获得指标，其他领域也将从免费指标发放逐渐过渡到全额拍卖。对储备库内的剩余指标将按照相关规则进行拍卖。

②对于市场退出者：欧盟明确规定排放设备一旦停止运行，就不应向其免费发放配额，除非履约企业能够证明该装置将在特定的、合理的时间内恢复运行。

(2) 履约和考核制度

在对违约的处罚方面，增加了对政府违约行为的处罚，即政府违约后需在下一年度补交超额排放量的1.08倍的配额数量。

(3) 交易制度

增加成员国政府为交易主体，允许政府之间开展EUA配额交易和碳减排减排信用交易，但是不允许政府和企业间开展EUA配额交易。政府之间开展交易需得到欧盟的批准。

在外来项目减排信用的使用方面，要求新减排项目只允许来自最不发达国家的CER，其他发展中国家需要与欧盟签署协议方能向欧盟出口基于能效或可再生能源的减排量；使用方面，欧盟将进一步降低减排量的使用限值，规定第三阶段现有行业被允许使用的CER、ERU总量不超过这些行业2008~2020年期间减排量（相对于2005年水平）的50%，新增行业和加入行业可以使用的CER、ERU总量不超过这些行业从加入欧盟排放交易体系至2020年期间减排量（相对于2005年水平）的50%。

由于金融危机对欧盟第二阶段碳交易体系的影响，欧盟正在考虑在第三阶段增加市场调控机制的可行性，目前考虑的市场调控手段包括：第一，提高控排目标，将欧盟2020年控排目标从现有的下降20%提高到下降30%（相比1990年水平）；第二，第三阶段取消一定数量的EUA；第三，推迟第三阶段的配额拍卖时间；第四，2021年后进一步扩大覆盖行业范围（如运输用燃料）；第五，限制或禁止在ETS中使用京都机制的碳减排信用；第六，实施最低价格控制机制，这一条目前存在较大争议。

(4) 监测报告核查机制

第三阶段将对监测报告核证机制进行进一步改进。欧盟将统一其监测和报告规则，进一步提高监测和报告的质量，新的监测和报告指南将以条例的形式下发，制定时会重点考虑以下因素：首先，收集最准确的和最新的科学研究成果，特别是 IPCC 的研究成果，以此确保欧盟条例所确定的监测和报告方法的先进性；其次，条例可以要求面临国际竞争的能源密集型行业的操作者报告其生产产品所排放的温室气体数量；最后，条例可以要求就监测计划、年度排放量报告和排放量核证活动使用自动化系统和特定的数据交换格式，以利于操作者、核实方和政府主管部门之间的沟通。

同时，第三阶段将采用新的关于排放量核证与核证人员认证和监督的条例，规定核证人员认证和撤销认证的条件，以及核证机构的相互承认和业内评估的条件。

（5）配额登记记录机制

第三阶段将对配额登记记录机制进行统一，取消原有的国家登记系统，改由欧盟独立交易日志进行统一管理，即由欧盟独立交易日志负责各成员国开设的账户的维护工作，以及配额的发放、转让、清除等工作。

（6）外围保障体系

第三阶段将继续强化欧盟排放交易体系的法律基础及其与其他温室气体减排政策的衔接，特别是和能效政策和可再生能源发展政策的衔接。欧洲理事会已于 2009 年 4 月 6 日通过了一揽子气候与能源法案，即实现 2020 年温室气体排放量降低 20%、能效提高 20% 以及可再生能源应用比例提高至 20% 的 20 - 20 - 20 目标，并且在完善欧盟排放交易体系、在欧盟排放交易体系未涵盖的领域减排温室气体、提高可再生能源的利用比例、制定二氧化碳捕获和储存的新规则和相关的国家补贴、降低乘用车的二氧化碳排放量和修改燃料质量等方面提出新的要求。

总体来看，欧盟排放交易体系第三阶段统一了配额分配方法、配额登记记录机制以及监测报告核证机制，这将有利于欧盟一体化进程，同时也将加强欧盟排放交易体系在全球的影响力，为其制定国际规则提供了方便。

表8　欧盟排放交易体系的制度设计

	内容	第一阶段（2005～2007年）	第二阶段（2008～2012年）	第三阶段（2013～2020年）
市场体系	市场范围	地域范围：区域性碳市场，含15个欧盟国家； 行业范围：电力及其他燃烧设施；炼油、焦炉、钢铁、水泥、玻璃、石灰、陶瓷、砖、纸浆、造纸和纸板； 温室气体范围：二氧化碳	地域范围：区域性碳市场，含27个欧盟国家和挪威、冰岛、列支敦士登； 行业范围：第一阶段的基础上，2012年加入航空业； 温室气体范围：二氧化碳	地域范围：区域性碳市场，含27个欧盟国家和挪威、冰岛、列支敦士登，可能进一步扩大； 行业范围：第二阶段的基础上，加入石油化工、制氨、制氨、铝业、硝酸、己二酸、乙醇酸； 温室气体范围：二氧化碳、氧化亚氮、全氟化碳
	主体结构	交易主体：企业； 买方：欧盟范围内企业； 卖方：欧盟范围内企业、非附件I国家企业	交易主体：企业； 买方：欧盟范围内企业； 卖方：欧盟范围内企业、非附件I国家企业	交易主体：企业、欧盟成员国政府； 买方：欧盟范围内企业、欧盟成员国政府； 卖方：欧盟范围内企业、非附件I国家企业、欧盟成员国政府
	客体结构	交易标的：欧盟排放配额（EUA）、JI项目的减排单位（ERU）、CDM项目的核证减排量（CER）； 市场类型：一级市场、二级市场、碳金融市场	交易标的：欧盟排放配额（EUA）、JI项目的减排单位（ERU）、CDM项目的核证减排量（CER）； 市场类型：一级市场、二级市场、碳金融市场	交易标的：欧盟排放配额（EUA）、JI项目的减排单位（ERU）、CDM项目的核证减排量（CER）； 市场类型：一级市场、二级市场、碳金融市场
制度框架	总量设定和配额分配制度	总量目标：履约企业碳排放配额总量占相关国家总排放量的45%； 分配方法：各国基于企业的历史排放数据分配 分配方式：免费分配	总量目标：要求履约企业的排放量在2005年基础上平均降低6.5%； 分配方法：各国基于历史排放法和基准线法分配 分配方式：免费分配为主，含少量拍卖	总量目标：①要求履约的成员国2020年排放量比2005年平均下降20%；②参照第二阶段发放配额数量的年平均值，每年线性递减1.74%的绝对量； 分配方法：①对企业分配欧盟基于行业基准线统一分配；②对政府分配主要基于人均GDP； 分配方式：①对企业整体60%以上拍卖，电力行业全部拍卖；②逐渐实现100%拍卖；③对政府免费分配

续表

	内容	第一阶段（2005~2007年）	第二阶段（2008~2012年）	第三阶段（2013~2020年）
制度框架	履约和考核制度	履约方法：企业提交的排放配额不低于其排放量； 考核周期：1年； 惩罚机制：每超额排放1吨罚款40欧元	履约方法：企业提交的排放配额不低于其排放量； 考核周期：1年； 惩罚机制：每超额排放1吨罚款100欧元，差额部分配额在下一考核期内仍需补交	履约方法：企业提交的排放配额不低于其排放量； 考核周期：1年； 惩罚机制：企业每超额排放1吨罚款100欧元，差额部分配额在下一考核期内仍需补交；政府下一年度分配总量配额时扣减1.08倍差额数量的配额
	交易制度	交易模式：履约企业、履约企业和非履约企业之间均可交易； 交易量限制：无； 交易价格：按市场供求确定； 配额有效期：3年（2005~2007年）； 存储预借规则：不允许跨期存储； 市场调控机制：无	交易模式：履约企业、履约企业和非履约企业之间均可交易； 交易量限制：无； 交易价格：按市场供求确定； 配额有效期：5年（2008~2012年）； 存储预借规则：允许跨期存储，不允许预借； 补充机制：允许使用CDM/JI，但不超过50%； 市场调控机制：无	交易模式：履约企业、履约企业和非履约企业之间均可交易； 交易量限制：无； 交易价格：按市场供求确定； 配额有效期：8年（2013~2020年）； 存储预借规则：允许跨期存储，不允许预借； 补充机制：限制使用CDM/JI，只接受最不发达地区的CER，其他发展中国家需与欧盟签订协议； 市场调控机制：正在考虑制定
	监测报告核查机制	监测：企业需每年对其排放量进行监测； 报告：企业应每年向国家报告碳排放量； 核查：第三方机构核查	监测：企业需每年对其排放量进行监测； 报告：企业应每年向国家报告碳排放量； 核查：第三方机构核查	监测：企业需每年对其排放量进行监测； 报告：企业应每年向国家报告碳排放量； 核查：第三方机构核查
	配额登记记录机制	各国分别设立登记簿； 记录每一交易标的的发放、交易转让过程； 公布每一笔交易记录	各国分别设立登记簿； 记录每一交易标的的发放、交易转让过程； 公布每一笔交易记录	欧盟设立统一登记簿； 记录每一交易标的的发放、交易转让过程； 公布每一笔交易记录

续表

内容		第一阶段（2005～2007年）	第二阶段（2008～2012年）	第三阶段（2013～2020年）
制度框架	外围保障体系	法律法规：《关于建立欧盟排放交易体系的指令》； 管理机构：欧盟总体控制，国家自行管理； 监管体系：按市场经济监管体系有关规定执行； 政策协调：与其他行政、经济手段相配合	法律法规：《关于建立欧盟排放交易体系的指令》《链接指令》； 管理机构：欧盟总体控制，国家自行管理； 监管体系：按市场经济监管体系有关规定执行； 政策协调：与其他行政、经济手段相配合	法律法规：《关于建立欧盟排放交易体系的指令》及修改案、《链接指令》等； 管理机构：欧盟总体控制，国家按要求管理； 监管体系：按市场经济监管体系有关规定执行； 政策协调：与其他行政手段、碳税等相互配合

三、澳大利亚“碳定价机制”制度

澳大利亚是最近宣布建立国内碳交易市场的国家，虽然碳交易市场尚未建立运行，但是其碳交易制度设计广泛参考了世界范围内多个碳交易体系的制度安排，并被研究界称为碳交易制度设计的“澳大利亚模式”。此外，澳大利亚的经济总量和温室气体排放量在全球中的位置，也决定了其碳交易市场未来在全球碳交易市场中的重要地位。因此，对澳大利亚的碳交易制度需要进行细致深入的分析。

2011 年 11 月澳大利亚政府通过了《清洁能源未来法案》，规定 2020 年在 2000 年的基础上减排 5%。为实现这一目标，澳大利亚从 2012 年 7 月开始实施清洁能源未来计划（俗称“碳定价机制”）。碳定价机制计划分两个阶段实施，第一阶段（2012. 7 ~ 2015. 6）为固定碳价阶段，2012 年每吨二氧化碳的价格固定为 23 澳元，之后每年增长 2. 5%，三年间政府无上限向企业出售配额。第二阶段从 2015 年 7 月开始，由固定碳价转为浮动碳价。政府将为碳价设定一个区间，每吨二氧化碳的价格在此区间内浮动，下限为 15 澳元并每年增长 4%，上限在国际碳价的基础上加上 20 澳元。

澳大利亚碳定价机制和其他实施总量控制与交易的碳交易体系类似，以下仅对其制度设计的不同点进行分析。

（1）总量设定和配额分配制度

在第一阶段内不设置履约企业的排放上限，第二阶段对履约企业设置排放上限，以使澳大利亚能够实现 2020 年温室气体排放量在 2000 年的基础上减排 5% 的目标，目前具体数值尚未公布。

配额发放在第一阶段采用固定价格出售和基于历史排放的免费分配法进行分配，免费发放配额的比例逐年递减 1.3%。其中，百万产值排放强度在 2000 吨二氧化碳以上或百万增加值排放强度在 6000 吨二氧化碳以上的企业可以免费获得 94.5% 的配额，百万产值排放强度在 1000 吨二氧化碳以上或百万增加值排放强度在 3000 吨二氧化碳以上的企业可以免费获得 66% 的配额，进出口值在总产值中的占比超过 10% 的企业将获得部分免费配额。固定价格出售部分，2012 年每吨二氧化碳的价格固定为 23 澳元，之后每年增长 2.5%，三年间政府无上限向企业出售配额。

配额发放在第二阶段采用拍卖法和基于行业基准线的免费分配法进行分配。拍卖部分的价格是，2015 年 7 月至 2018 年 6 月底期间，政府将为碳价设定一个区间，每吨二氧化碳的价格在此区间内浮动，下限为 15 澳元并每年增长 4%，上限在国际碳价的基础上加上 20 澳元。2018 年 7 月以后价格完全由市场供需决定。

（2）履约和考核制度

实施年度考核，在考核前，企业提交的碳排放配额和碳减排信用数量应不低于企业的温室气体排放量。第一阶段固定价格出售的配额直接用于履约，免费分配的配额可以用于履约和交易，履约企业需在每年的 6 月 15 日前提交 75% 的配额，并在下一年 2 月 2 日之前提交剩下的 25%；第二阶段可使用配额、京都机制碳减排信用用于履约，履约企业需在第二年 2 月 2 日前一次性提交全部配额。

考核未完成的企业面临经济惩罚，第一阶段违约企业的惩罚金额为固定价格的 1.3 倍，第二阶段违约企业的惩罚金额是平均市场价格的 2 倍。

（3）交易制度

市场主体在第一阶段的交易主体仅包括履约企业，在第二阶段将包括履约企业、投机机构等。第一阶段交易标的仅包括澳大利亚碳奖赏单位（ACCUs），第二阶段除包括ACCUs以外，还包括京都机制的减排单位（ERU）、核证减排量（CER）以及清除单位（RMU）。

第一阶段仅为履约企业之间的交易，固定价格出售的配额不能用于交易或存储，只能直接用于履约，但免费分配的配额可以用于交易，不允许使用国际减排项目产生的减排量；第二阶段存在履约企业之间的配额交易和履约企业购买非履约企业碳减排信用。配额在第一阶段不允许存储和预借，在第二阶段允许无限制存储，并允许有限制预借。

从市场交易价格看，一级市场市场价格在第一阶段为固定价格，第二阶段前三年为有上下限的浮动价格，2018年7月起为自由浮动价格，由市场供需决定。二级市场价格为浮动价格。

（4）监测报告核查机制

通过法律及相应的规章进行了详细的规定。

（5）配额登记记录机制

国家层面统一的登记簿体系，相关规定已经由法律支持。

（6）外围保障体系

法律法规体系：包括碳定价机制的总体设计和监管方案、温室气体控排目标、配额的发放、国内和国际交易规则、为未纳入碳定价机制内的燃料使用制定相当的价格、新的税收政策、工业领域的补贴，以及澳大利亚国家登记簿的运行等相关规定。

补贴政策：①对于燃煤电厂，排放强度大于1.2tCO_2e/MWh的约2000MW煤电装机将于2020年前全部关闭并相应获得补贴；2010年6月30日以前开始运行的排放强度介于1t～1.2tCO_2e/MWh的煤电厂将以现金或免费配额的方式获得相当于每年4170万吨二氧化碳的额外排放权；排放强度介于0.8t～1tCO_2e/MWh的煤电厂可获贷款。②关于居民，澳大利亚碳定价机制至少50%的收入需要用于补贴居民，通过配套的税收减免和惠民支付来实现，每周补贴约10澳元。③所得收入除了用于减轻对工业、居民的影响，其他都要用于促进可再生领域、能效等低碳领域的投资。

表9 澳大利亚“碳定价机制”的制度设计

<table>
<tr><th rowspan="2"></th><th colspan="3" rowspan="2">固定碳价阶段</th><th colspan="4">浮动碳价阶段</th></tr>
<tr><th colspan="3">限制浮动</th><th>完全浮动</th></tr>
<tr><td>年份</td><td>2012.7～2013.6</td><td>2013.7～2014.6</td><td>2014.7～2015.6</td><td>2015.7～2016.6</td><td>2016.7～2017.6</td><td>2017.7～2018.6</td><td>2018.7～</td></tr>
<tr><td>碳价</td><td>23澳元</td><td>24.1澳元</td><td>25.4澳元</td><td colspan="3">下限：15澳元
上限：比国际预期价格高20澳元</td><td>完全由市场决定</td></tr>
<tr><td>国家排放上限</td><td colspan="3">无</td><td colspan="4">有</td></tr>
<tr><td>个体排放上限</td><td colspan="3">无</td><td colspan="4">有</td></tr>
<tr><td>履约方式</td><td colspan="3">①购买固定价格的配额；
②通过免费发放获得</td><td colspan="4">①通过拍卖获得；
②通过免费发放获得；
③项目减排量：可以使用ACCU，可以使用京都机制减排量（限制项目类型）</td></tr>
<tr><td>存储预借</td><td colspan="3">不允许</td><td colspan="4">允许无限制存储，有限制预借</td></tr>
<tr><td>罚款</td><td colspan="3">固定价格的1.3倍</td><td colspan="4">当年平均价格的2倍</td></tr>
</table>

四、国际碳交易制度演变趋势

以上对全球典型碳交易市场的实证分析，说明了制度建设对引导碳交易市场建立和发展的重要性，也显示了本书提出的碳交易制度理论框架和碳交易制度主体关系与交易模式分析模型的广泛适用性。同时可以看出，全球典型碳交易市场的市场结构和制度安排也正处于不断演进和完善的过程中，对这些变化趋势的总结和分析有利于进一步深化对碳交易的认识，也将对我国设计和建立碳交易制度提供经验借鉴。

1. 总体变化趋势

（1）市场体系结构的总体变化趋势

第一，碳交易市场覆盖的范围不断扩大。在经历和参与《京都议定书》下建立的国际碳交易市场之后，最为明显的一个趋势是碳交易正由单个国家向多个国家、全球参与的方向演进，越来越多的国家投身于以碳交易助推温室气体减排和低碳发展的新潮流。欧盟、日本、澳大利亚等发达国家以及韩国、中国、墨西哥等发展中国家已经建立或提出要发展国内碳市场，美国国内的区域性碳市场已经覆盖了其国内大部分州。这种趋势反映了各方对碳交易作用的共同认可和对低碳发展趋势的一致判断。而且从碳市场内部来看，碳市交易场覆盖的行业范围、温室气体种类等也逐渐扩大，因此其市场本身的规模也在不断扩大，碳交易在促进“低成本控排”中也将发挥越来越重要的作用。

第二，碳交易市场的主体标的种类日益丰富。碳交易市场作为一种制度创新下形成的产物，内部创新机制活跃，并且与金融相结合进一步扩展了其创新空间。市场的构成由一级、二级市场，走向一级、二级和金融市场三者协调发展。交易主体范围从单独包括政府或企业向着同时包括政府及企业、从只允许履约企业参与向鼓励市场投机的方向演进。标的范围从最简单的排放配额逐渐向配额和减排信用共同存在的方向演变，并且可能逐渐接纳全球其他体系的配额和减排信用。例如欧盟碳交易市场内碳交易的迅速金融化，相应的市场结构也很快发展成初次分配、二次交易、金融衍生化等三级市场，一方面推动了其碳交易市场规模的迅速发展，另一方面也推动了交易标的的种类由配额、项目减排信用现货向期货发展，交易主体也日益多样化，市场投机机构的参与大大增强了市场流动性。

（2）制度安排的总体变化趋势

第一，碳交易制度在实践中不断完善。碳交易相对仍属于新鲜事物，其制度需要在实践中不断调整进步。例如，欧盟排放交易体系第二阶段则在第一阶段的基础上对碳交易制度设计做了大量的更新和修正，碳交易覆盖范围进一步扩大，碳交易的配额分配更加合理，这也使得碳交易成为欧盟完成《京都议定书》控排目标的重要手段。第三阶段的明显特点是碳交易的相关标准的统一化以及市场调控机制的建立，这一方面有利于欧盟一体化进程，另一方面也将继续加强欧盟排放交易体系在全球的影响力，为欧盟主导国际碳交易规则奠定了基础。

第二，制度标准和规则趋于统一。欧盟排放交易体系的发展以及澳大利亚碳定价机制的建立表明，碳交易的全球化进程正在明显加快。为了实现全球碳交易市场的统一，各典型碳交易市场的制度设计都显现出明显的标准逐渐统一、规则逐渐一致的特点。欧盟排放交易体系第三阶段已经统一了监测报告核证和配额登记记录的方法，更为关键的是第三阶段碳排放配额的分配方法的统一化，欧盟制定了统一的分配方法和基准线，各欧盟成员国必须遵照进行配额分配。而澳大利亚碳定价机制的分配方法和标准在一开始便是全国统一的。欧盟、澳大利亚、美国都在寻求碳交易市场的连接问题，而它们统一方法、标准的举动也预示着它们都在力求主导日后国际碳交易市场的规则制定。

第三，制度设计对国情考虑增强，凸显本国利益。总体来看，国外典型碳交易都是按当地的国情进行了精心的设计。欧盟已经处于工业化后期，法律基础坚固、经济增速稳定、市场机制完备、配套政策齐全，因此将欧盟排放交易体系定位于从生产端控制温室气体排放的重要政策手段，通过电价的传导作用进一步对下游行业发生影响。欧盟对碳交易所覆盖行业范围也进行了认真的考虑，选择将排放量最大的电力、钢铁、水泥等六个行业纳入到碳交易覆盖行业，同时也对竞争力易受影响的行业进行了适当的保护。

2. 制度要素变化趋势

（1）总量设定和分配制度

第一，碳交易市场内的总量控制目标与国家和区域政府的总量目标结合日益紧密。例如欧盟第三阶段建立的政府间、企业间两部分交易市场则直接支持实现2020年减排20%的目标。澳大利亚也明确了其碳市场要为实现2020年减排5%的目标提供支持。这一趋势显示了在国际气候变化谈判中“全球总量控制、主要国家分配总量目标”的导向下，各国碳交易市场为各国控排目标服务的趋势，这一趋势将直接实现不同国家碳交易市场的接轨。在气候变化谈判的目标导向下，我国未来也将走向全国排放总量控制，而现在建立我国碳交易市场就要充分体现将总量目标与碳市场目标挂钩的思路。

第二，配额分配过程分类指导，兼顾公平和效率。对于地方政府而言，配额总量一定程度上意味着地方发展空间，对地方政府的配额分配过程需要着重考虑地区经济发展水平，以“公平”优先。对于企业而言，配额总量大小一定程度上体现了对其低碳转型的倒逼压力大小，也体现了对产业参与国际低碳竞争的要求，因此其分配过程着重考虑碳产出水平，以“效率”优先兼顾“公平”。欧盟在第三阶段的分配中，对成员国政府主要以“人均GDP”为分配标准，发展水平低成员国的获得配额相对较多，发展水平高的成员国获得配额相对较少[①]；对企业分配更多使用“基准线”的方法，有利于高碳产出率的企业进一步发展。

第三，对市场新进入者和退出者给予了特别考虑。对于新进入者应重点关注是否给予新进入者以公平竞争的机会，是否鼓励新进入者，是否能够实现刺激技术进步的目的。如果国家决心大力减排，那么应该为新进入者预留较多配额，当预留配额出现剩余时可以考虑拍卖或者清除配额，而不是将这部分配额分配至已有企业。而预留较少配额时可以考虑鼓励新进入者从市场购买配额，这样一方面能增加市场流动性，一方面也增加了配额的稀缺性。对于市场退出者，是否允许它们继续持有配额，将影响落后企业是否愿意退出市场。如果允许持有，落后企业可能愿意退出，但是这种情况下将不能将这部分配额同时发放给新进入者，不利于低碳技术投资；如果不允许持有，落后企业可能不愿意退出市场。

（2）履约和考核制度

在履约考核制度中，惩罚规则安排具有重要作用，这一点对于我国建立碳交易制度尤为重要。国外经验表明，对违约政府和企业的惩罚机制设计一定要有威慑力，这样才能形成强大的震慑力。例如，欧盟排放交易体系的 EUA 历史最高价格不超过 30 欧元，但是违约罚款高达 100 欧元，在高额罚款下，企业发生违约的可能性极低，同样，澳大利亚的违约罚款是市场价格的 2 倍，对企业具有足够的威慑力。反观《京都议定书》三种灵活机制形成的国际碳交易市场，由于联合国对各国的约束力不足，议定书内容缺乏实质性的惩罚机制，这样不利于京都目标的实现。我国的情况是，国内经济快速发展，但对违法违规企业的惩罚仍旧保持在过去若干年前的水平，处罚标准远远不能适应新形势的要求。在设计

① 配额获得多少是相对的概念，发展水平低的其减排要求低，发展水平高的减排要求高。

我国碳交易制度时，必须对违规主体给予严厉的惩罚，而且惩罚应该反映最新的市场发展情况。

（3）交易制度

第一，交易模式和交易规则逐渐复杂化。国际碳交易市场仅有三种交易模式，欧盟排放交易体系第一阶段的交易模式同样较少，但是第二阶段和联合履行项目市场及清洁发展机制项目市场进行了连接，这样第二阶段的交易模式和交易规则大大复杂化，第三阶段更是将政府增加为主体，交易模式将进一步复杂化。澳大利亚碳定价机制同样体现了这一点，第一阶段仅有履约企业参与交易，第二阶段则和京都机制进行连接，交易模式将逐渐复杂化。国外交易模式和规则的日益复杂，是建立在其国内相应的制度基础完善、市场经验丰富的基础之上的，我国建立碳交易制度更多需要考虑我国国情的基础条件，从抓住主要模式入手，由简单到复杂。

第二，价格波动大，市场调控提上议程。政府对下级政府一般实行免费分配，但是对企业有可能实行有偿分配，在二级市场中，市场价格一般由供需确定，但是经济发展状况、碳交易的总体控排目标等因素将会对市场价格产生较大的影响，导致碳市场价格波动性较大。早期的碳交易一般没有设立市场调控机制，这也是导致碳市场价格波动频繁的一个重要原因，为此欧盟在第三阶段已经考虑设置市场调控机制，而澳大利亚碳定价机制在一开始就考虑了市场调控，为碳交易市场制定市场调控机制将是碳交易未来的发展方向之一。碳市场价格波动是碳交易与生俱来的特征，这将对碳交易市场的平稳有序发展构成障碍，我国正好发挥在国家宏观调控的优势，对碳交易市场进行调控，使碳交易市场发挥政府所期望的功能作用。

（4）MRV 和登记簿支撑机制

在监测报告核证机制和配额登记记录机制等技术支撑机制方面，均体现出逐渐统一化、标准化的特点。

第一，监测报告核证的统一化和标准化有利于碳排放量的准确计量，增加了碳交易的透明度。例如，欧盟第一阶段的监测报告核证机制实际上由各成员国独自制定，这样的结果是各国之间的差异较大，不具备可比性；第二阶段欧盟出台了部分标准，使得各成员国的监测报告核证机制实现了部分的统一；第三阶段则由欧盟出台了统一的监测报告核证机制，使得欧盟范围内的碳排放监测计量实现完全统一。

第二，配额登记记录机制的统一化和标准化不仅降低了管理难度，也增加了市场透明度。例如，欧盟在第一、第二阶段同时存在着欧盟独立交易日志和各成员国的登记系统，同时欧盟还与国际独立交易日志连接；但是到了第三阶段，欧盟将取消各成员国的登记系统，改由欧盟进行统一登记记录。在技术支撑机制方面，国际上已经有丰富的实践经验，而且这也是形成国际标准的重要内容。我国建立碳交易制度需要在充分考虑国际经验和相应标准的基础之上，进一步结合我国的国情条件，引导相关的机制建设。而为了实现相关机制内容的全国统一，需要从国家层面推动相关机制的建设。

（5）外围保障体系

在外围保障体系方面，开展碳交易的法律基础日益完善。例如，国际碳交易的法律基础是《京都议定书》及随后通过的《马拉喀什协议》；欧盟排放交易体系的法律则经历了快速的发展，从最初的一项法律指令到现在的一整套相互协调、相互配合的法律；澳大利亚碳定价机制同样有着良好的法律基础，据统计目前澳针对碳交易的法律已有数十项之多。我国建立碳交易制度也必须将相关主要规则法制化，这也是发展社会主义市场经济的必然要求。

综合以上碳交易市场和制度的发展趋势来看，我国未来建立碳交易制度、发展国内碳交易市场，需要以发展的眼光来对待。一方面不能拘泥于对某一个国家碳交易体系的模仿，另一方面也不能局限于对某一个时期的碳交易制度的借鉴；而是应该基于碳交易市场和制度发展的本质规律，借鉴国际经验，结合实际国情，朝着最新、最先进的发展方向努力，真正建立起能解决实际问题、能引领潮流的碳交易制度。

第4章

我国建立碳交易制度的国情条件

国际经验表明，建立碳交易制度要结合本国国情。当前，已经建立或计划建立碳交易市场的国家大多为市场经济比较发达的西方国家。我国经济社会发展阶段、经济体制、政治体制以及政策环境与这些国家有很大不同，建立碳交易制度，需要充分考虑我国的国情基础和条件。本章首先分析了我国建立碳交易制度的总体国情，然后结合节能减排与低碳发展的工作基础，分析了我国建立碳交易制度的有利条件和主要约束，最后对我国碳交易制度设计需要重点考虑的国情特色进行了总结归纳。

一、总体国情及对碳交易制度构建的影响

1. 经济持续快速发展

我国总体处在经济快速发展阶段，经济增长仍有赖于能源支持，由此带来的碳排放大幅增加已引起各方广泛关注。刚刚闭幕的十八大会议，又提出了到2020年，人均国民生产总值和人均收入比2010年翻一番的双重目标。提高人民生活水平和质量，成为政府发展经济的出发点和落脚点，但同时带来的碳排放和能源消费量的激增，也是不可忽视的事实。

在经济快速增长的同时，发展方式粗放、产业结构不合理、区域发展不平衡是同时存在急需解决的问题。我国经济的增长，还未摆脱对能源资源的依赖，尽管“十一五”期间，我国采取的节能减排措施取得了显著成效，2010 年单位 GDP 能源消费强度比 2005 年下降了近 20%，但仍是 OECD 国家的 4.3 倍，美国的 3.5 倍，世界平均水平的 2.4 倍，我国主要工业产品的单位能耗仍旧大大高于发达国家。产业结构不合理，第二产业和高耗能产业的比重过大，一方面与我国所处的发展阶段有关，国内对各种高耗能工业产品的需求较为旺盛；另一方面，我国外向型经济导向仍未扭转，由于承接了国际产业转移，在国际产业分工链中整体处于较低位置，而改变这一分工地位需要大力加强自主创新，这不是短期内能够解决的问题。区域发展严重不平衡进一步制约了我国经济可持续发展能力，相对于东部发达地区工业化接近尾声，西部落后地区工业化尚未开始，由于发展的严重不平衡，远未形成区域之间优势互补、协调发展的格局。特殊的发展阶段将对我国碳交易制度建设中的总量设立和分配制度提出了新的要求。

第一，经济发展速度快将影响碳排放总量控制目标的设定。经济发展速度快意味着能源消耗量和温室气体排放量将继续增长，这将导致碳交易体系中设置的温室气体总量控制目标逐渐提高。由于经济发展速度的不确定性很大，各级政府部门设置碳排放总量控制目标的难度进一步增大。

第二，对增量的合理控制引导是我国建立碳交易制度需要高度重视的问题。发达国家已经进入经济增速较慢、能源消耗及碳排放增速较低甚至负增长的阶段，所以其碳交易制度中重点考虑的是存量的技术减排。我国的特点是经济增速快、能源消费和碳排放增速高。据统计，从 2000 年到 2010 年 10 年间，我国 GDP 由 9.92 万亿元增长到 26.85 万亿元（按 2000 年不变价计），GDP 增量是存量的 1.7 倍；而此期间能源消费量从 14.5 亿吨标准煤增长到 32.5 亿吨标准煤，能耗增量是存量的 1.24 倍。

未来 10 年是我国建成小康社会的关键时期，也是实现我国 2020 年低碳发展目标的关键阶段，研究表明，未来 10 年我国 GDP 将翻一番左右，能耗将进一步增长到 50 亿吨标准煤左右，故我国未来一段时期的能源消耗增长和碳排放增长依然巨大。因此，合理控制引导碳排放增量是我国碳交易制度需要高度重视的一个重要问题，在配额分配过程中需要专门对碳排放增量的控制设定相关规则。

第三，不合理的产业结构和不平衡的区域发展布局将影响碳排放权分配的公平性，加大分配难度。首先，由于产业结构不合理，使得不同行业的碳排放量差距过大，这将导致碳排放权分配的难度加大，同时也极易引起行业间的不公平；其次，在同一行业内部，由于不同企业间的技术水平差距较大，对企业的碳排放权进行分配同样存在不小的难度，对技术先进的企业分配较少的碳排放权将引起“鞭打快牛”的问题，对技术落后的企业分配较少的碳排放权将增加其实现目标难度，甚至可能影响劳动力就业和地方经济发展；最后，由于我国的区域发展不平衡，对不同地区进行碳排放权分配不仅涉及到地区间的公平问题，同时也涉及到同一行业在不同地区间的公平问题。党的十八大报告中明确要求“优化国土空间开发格局，加快实施主体功能区战略”，在配额分配过程中如何贯彻落实党中央的要求，也对我国碳交易制度建设提出了新的要求。

2. 政治体制改革逐步推进

改革开放以来，我国不断推进行政管理体制和机构改革，加强政府自身建设，行政管理体制发生了显著变化，确立了中国特色社会主义行政体制的目标和基本框架，不断推进服务型政府、法治政府、责任政府建设。政府职能转变是我国行政管理体制改革最为突出的表现，经过多次改革，我国政府职能定位逐步走向完善和科学。政府对微观经济活动的干预不断减少，以间接管理手段为主的宏观调控体系框架初步形成，社会主义市场经济体系基本建立，政府充分发挥对市场的培育、规范和监管功能，越来越重视履行社会管理和公共服务的职能。

伴随着政府职能从微观经济领域的逐步退出以及社会组织的参与管理，同时对一些职能相近的机构部门进行整合设置，政府机构在部门数量和人员编制上均得到了较大幅度的精简。与此同时，政府管理方式也不断创新，由计划经济的管理理念转变为社会主义市场经济的管理理念，通过政企分开和国有资产管理体制改革，从宏观微观都管转变为主要从事经济调节、市场监督、社会管理和公共服务，从直接干预经济活动转到实施宏观调控和创造健康有序市场环境上来。政府推进行政审批制度改革，削减行政审批事项，以核准和登记备案等方式取代旧的审批方式，提供“一条龙”审批和网上审批等服务，规范和简化审批程序。依法治国和依法行政已经成为政府运作的基本要求，政府决策机制日趋科学化和民主化，政府管理走向公开透明化。

但是，我国行政管理体制中仍旧存在许多亟待解决的问题，政府职能转变还没有完全到位，政府机构设置有待进一步调整完善，适应社会主义市场经济体制要求的政府经济社会管理方式还需要改进和提高。政企不分、政社不分和政事不分的情况仍然十分普遍，一些政府部门仍然在管许多不该管、管不了也管不好的事情，直接干预微观经济活动的现象依然存在，行政许可和审批事项仍然过多。而政府机构设置过多过细、管理对象和管理事务出现重叠、机构重叠和职能交叉的情况十分普遍，多头管理和政出多门的现象非常突出。政府权力过大、部门职责不清且协调难度大、政府执行力有待加强是当前行政管理体制的主要特征，这些特征将对我国碳交易制度建设产生重要影响。

第一，政府权力大可加快推进制度建设的速度，但可能不利于碳交易制度的运行。首先，由于政府拥有较大的权力，政府可以以行政命令的方式推进碳交易制度建设，这种推进速度将显著快于依靠法律体系和市场机制推进的方式；其次，由于政府可以对市场施加较大的影响，依靠政府权力建立的碳交易体系有无法完全按照市场规律运作的风险；最后，由于政府推进碳交易的速度快于碳交易立法的速度，依靠政府权力建立的碳交易体系极有可能在碳排放权界定、分配、交易、监管、处罚等各方面缺乏法律依据，不利于碳交易长期稳定运行。

第二，如何合理体现政府对经济发展主导作用对我国碳交易制度设计提出了新的要求。首先，我国地方政府在一定程度上主导着地方的经济发展，企业的市场主体地位尚未得到充分发挥，一些重大项目能否上马很大程度上取决于政府部门而不是企业，因此在我国碳交易制度建设过程中，如何在保证企业市场主体地位的同时，发挥好政府部门的特殊作用是需要重视的一个问题。调研结果表明，烟台市能耗交易机制的主要做法是增强了对下级政府新上项目的质量控制，并允许下级政府实施能耗指标交易，该机制虽然未充分发挥企业的市场主体作用，但收到了良好的效果，也不失为一种符合中国特色的积极探索。其次，我国作为社会主义国家，在经济建设中需要从国家整体利益出发，强制性给地方政府安排一些战略性的重大项目，这些项目不可避免地增加了地方政府的能耗和碳排放，地方政府在必须接受的同时还要接受节能低碳的目标考核。如何通过合理的政策设计妥善解决这些问题，也对我国碳交易制度建设提出了新的要求。

第三，地方保护主义盛行总体上不利于碳交易制度建设。首先，地方政府各自为政、各行其是的做法不利于落实国家建设碳交易制度的有关政策，而地方政府建设碳交易制度的出发点也有可能和国家存在分歧；其次，地方出于自身利益考虑，可能保护落后生产力并阻碍碳交易市场的形成和发展；最后，现行的官员考核机制虽然为碳交易的履约和考核制度提供了有益经验，但是也可能制约跨区域交易的开展，由官员考核机制造成的地方攀比风气更是导致地方经济发展只重速度不重质量，最终阻碍原本是有利于保障经济发展质量的碳交易的发展。

第四，部门职责不清且协调困难将影响碳交易制度建设进程。部门职责不清、职能交叉、多头管理是我国政府部门存在的问题，这些问题不仅严重延缓碳交易制度建设速度，增加建设成本，未来也将对碳交易制度的运行产生影响。

第五，政府执行力差将阻碍碳交易制度的建设和运行。现行行政管理体制下，可能出现下级政府的政策目标和上级政府政策目标不一致的情况。政策目标不一致导致下级政府执行政策的动力不足，同时部门间的职责不清则近一步影响了政策的执行。

3. 市场经济体制深入转型

改革开放使我国经济体制发生了历史性的深刻变化，高度集中的、以行政手段为主纵向配置资源的计划经济体制已经被彻底打破，社会主义市场经济体制初步建立并不断完善，市场在国家宏观调控下对资源配置发挥基础性作用。尽管如此，我国离建立完善的市场经济体制还有较大的差距。

在国有企业改革方面，垄断行业国企改革范围小、层次低，有效竞争的市场环境尚未形成，垄断行业中的特大型国有企业改革滞后，监管越位与监管缺失并存，立法滞后，普遍服务等配套制度安排不到位。竞争性行业国企改革中深层次的问题还没有取得突破性进展，改革任务仍很艰巨。

在现代市场体系建设方面，生产要素市场相对于经济发展的需要和市场化改革的整体进程发育缓慢。特别是金融资本市场建设，金融作为现代经济的核心，从制度上发挥着市场配置资源的基础性作用。目前资本市场的基本制度建设还处于初级阶段，多层次资本市场体系建设迟缓，直接融资比重较低。价格形成机制仍不完善，特别是重要资源和能源价格形成机制不合理，价格偏低，不能充分反映市场供求关系、资源稀缺程度和环境损害成本，助长了资源的浪费和对环境的污染。市场秩序仍不规范，妨碍公平竞争的行政壁垒和排斥外地商品和服务的分割市场的做法和政策依然存在，政府在市场准入管理方面还缺乏统一的规范，公开化和透明度偏低，社会信用体系不健全。市场法制体系还不完善，集中体现在规范市场主体和中介组织的法律制度、产权法律制度、市场交易法律制度以及预算、税收、金融和投资的法律法规等还不完备。

我国正处在市场经济体制转型的深化阶段，市场经济体制转型同时也受到了现有行政管理体制的影响。目前，我国市场经济体制的主要问题是现代市场体系和现代企业制度尚未完全建立，垄断问题依然严重。市场经济在转型期的特征将对碳交易的制度建设产生重大影响。

第一，现代市场体系不健全将影响碳交易制度要素设计，特别是交易制度设计。首先，要素市场发展滞后特别是资本市场发展滞后将不利于碳交易和资本市场的衔接，不利于碳交易的金融化；其次，价格形成机制不健全将对碳交易市场的价格形成产生影响，特别是对电力价格实施政府定价机制将不利于碳交易中的电力行业将减排成本向下游行业转移，可能使电力行业的成本上升而效益下降；最后，市场规则和社会信用体系不健全可能导致碳交易的运行混乱，市场风险防控机制的缺失也将导致碳交易市场风险扩大。

第二，现代企业制度尚未完全建立、特别是国有企业改革尚未完全成功将对碳交易制度的设计和运行产生不良影响。首先，产权制度尚未完全建立将使国有企业无法正确处理国家所有权与企业法人财产权之间的关系，由此造成的政企不分将使政府过度介入到碳交易制度运行中；其次，政企不分造成了国有企业和私有企业之间的不平等，给碳交易制度设计特别是碳排放权分配带来不良影响；最后，政企不分还造成了政府部门和国有企业之间的协调难度增加，影响碳交易制度建设进程。

第三，行业垄断将对碳排放权分配过程产生不良影响。由于存在行业垄断，碳排放权分配的过程将极有可能受到垄断方的巨大压力而调整分配方法和分配方式，进而造成分配结果的不公平和分配效率下降。

二、建立碳交易制度的工作基础

1. 有利条件

除总体国情中的部分有利因素以外，我国在节能减排和低碳发展领域已经出台的一系列政策措施，开展了许多试点示范，为开展碳交易提供了不少有利条件。

第一，党中央、国务院高度重视节能减碳工作，明确提出了开展碳交易的要求。我国基于自身可持续发展的要求，已经正式向国际社会提出了2020年的碳强度下降目标，同时制定了“十二五”期间的节能减碳约束性目标，这为我国开展碳交易提供了重要前提。我国在“十二五”规划纲要中明确提出“探索建立低碳产品标准、标识和认证制度，建立完善温室气体排放统计核算制度，逐步建立碳排放交易市场”的要求，在国务院颁布的《“十二五”控制温室气体排放工作方案》中把“探索建立碳排放交易市场”作为一个重要章节进行论述，在十八大工作报告中明确提出“积极开展节能量、碳排放权、排污权、水权交易试点”的要求。党中央、国务院对于开展碳交易工作的高度重视，显示了我国建立碳交易制度的信心和决心。

第二，我国开展的碳交易试点、低碳省区低碳城市试点和清洁发展机制项目实践是对建立全国碳交易制度的有益尝试。2004年以来，我国开展了大量清洁发展机制项目能力建设，制定出台了《清洁发展机制项目运行管理办法》，近年来又对该办法进行了修订并出台了《温室气体自愿减排交易管理办法》等政策法规。清洁发展机制项目在我国的成功运行，使企业第一次在国际碳交易中获利，由此极大地增强了企业对碳交易的兴趣。同时，清洁发展机制项目实践还推动了我国碳交易相关中介机构和第三方核证机构的发展，为我国下一步发展碳交易提供了良好的中介保障。“十一五”期间，我国启动了“五省八市”低碳省区和低碳城市试点工作，2011 年我国开始推动在北京、天津、上海、重庆、广东、湖北、深圳 7 个省市开展碳排放权交易试点工作，在能力建设、探索实践经验方面为我国建设碳交易制度开展了新的尝试：①通过开展低碳试点和碳交易试点，地方政府初步形成了碳交易的管理框架；②低碳试点和碳交易试点大幅度提升了地方政府的能力建设，试点省市开展碳交易的排放清单编制、数据基础和软硬件基础建设有了长足的发展；③低碳试点和碳交易试点为开展碳交易培养了大量人才，包括政府的碳交易管理人才、企业的碳交易技术人才和第三方中介结构的咨询人才等；四是，低碳试点和碳交易试点为开展碳交易发现和解决了许多实际问题，对我国碳交易建设起到了积极作用。

第三，近年来制定的节能减碳政策为碳交易制度建设奠定了基础。①近年来出台的一系列的行政、法律、经济政策组合拳显著推动了节能减排工作，政府、企业、社会公众对资源环境问题的认识显著提高，节能环保意识不断增强；②我国从“十一五”期间就开始对地方政府和重点企业节能减排目标实施责任评价考核，一级抓一级，层层落实，尽管采用的强度目标而不是总量控制目标，但是这种考核体系的思路与碳交易中的配额分配和履约考核制度存在很多相似之处，为建立碳交易制度提供了有益的经验借鉴；③我国近年来加强了能耗统计计量监测等基础工作，并建立了重点用能单位的能源利用状况报告制度，为碳排放监测报告核证工作奠定了基础；④节能评审制度的实施为碳交易制度中如何控制增量排放提供了可参考的经验；⑤能耗限额标准的执行为碳交易制度分配环节中不同行业基准线排放标准的制定奠定了一定基础；⑥长期以来大力推动节能减排工作所形成的人员机构和技术储备，也为碳交易制度建设提供了能力建设方面的储备。

烟台市节能调控与区域能耗量交易

烟台市的节能调控与区域能耗量交易政策是一套以节能调控为核心的能源消耗总量控制政策，其政策制定包括设定能源消耗总量控制目标、分解总量目标、开展能耗量交易等具体步骤。

（1）设定能源消耗总量控制目标

结合全市能耗基数和预期GDP增速，首先将山东省下达的单位GDP能耗下降目标转化为全市"十二五"及年度能源消耗总量目标并加以控制。为了更好体现总量目标的时效性，同时降低统计监测难度，烟台市在实际工作中采用了电力消耗量代替能源消耗量的方法对全社会电力消耗量进行总量控制。

（2）分解能源消耗总量控制目标

将上述目标向全市下属的14个区县进行分解。各区县能耗总量控制目标由存量能耗、综合能耗2000吨以上项目（以下简称2000吨以上项目）的增量能耗、其他增量能耗三部分构成，并分别核定：①存量能耗。综合考虑各区县上年度万元GDP能耗、能耗结构、当期经济自然增长以及山东省下达的万元GDP能耗降低目标等因素，确定了存量能耗的下降幅度，在此基础上依据上年度实际能耗量核定出存量能耗。②2000吨以上项目的增量能耗。组织专家根据各区县上报的年度内投产项目计划进行核定。新投产项目单位能耗低于全市"十二五"末期单位能耗目标（折算成单位产值能耗为0.2吨标准煤/万元）

的，直接计为增量能耗；高于的，依据项目年度产值计划，按每万元产值0.2吨标准煤计算。③其他增量能耗。全市的能耗总量减去全市存量、2000吨以上项目增量能耗即为其他增量能耗，按各区县上年度实际能耗占全市总能耗比重进行分摊。

（3）开展区域能耗量交易

对于单位产值能耗超过0.2吨标准煤/万元的新投产项目，该项目的超额能耗量可以用两种方法进行转移：第一是通过项目所在区县压缩存量能耗来消化，第二是经市主管部门批准后可以与有能力分摊该能耗量的区县实行县域间交易。

第四，我国近年来实施的排污权交易、能耗量交易实践为碳交易提供了宝贵的经验借鉴。虽然我国开展的二氧化碳排污交易和化学需氧量排污交易总体上并不成功，但是为开展碳交易提供了可借鉴的经验教训：排污交易不够成功的首要原因在于没有在法律中对排污交易做出明确规定，特别是没有明确界定排污权的产权归属，同时没有在法律中制定明确的监管措施和严厉的惩罚措施；其次是没有正确定位政府在排污交易体系中的作用，实践中政府对市场交易进行过多的干预；最后是排污交易政策制定没有完全适合国情，排污交易政策与排污收费等政策相互制约，同时政策可操作性差。而烟台的能耗量交易实践表明，“控制能耗量增量，带动挖掘存量潜力”是实现能耗总量控制目标重要保障，开展能耗量交易不仅要充分发挥企业的主体作用，还要正确发挥政府的主导作用，尤其是发挥地方政府对经济发展的主导作用。

2. 主要约束

除了总体国情的部分约束以外，我国社会各界对碳交易认识不足，在碳交易能力建设、碳交易法律建设、节能减碳管理体制建设、市场监管体系建设和社会信用体系建设等方面亟待加强。

第一，社会各界对应对气候变化和碳交易认识不足。我国长期积极推动节能环保工作，但是应对气候变化工作仍然处于初期阶段。与节能环保工作相比，应对气候变化工作在各级政府部门、企业以及社会公众中尚未深入人心，社会各界对低碳发展和应对气候变化都缺乏足够的科学认识，对碳交易这种“新生事物”大多还不了解，并且在了解的人中也存在着不同的看法。

第二，开展碳交易的基础能力薄弱，这是当前影响我国碳交易制度建设的最大制约因素。首先，在人员和管理机构方面，近两年在省级新设立的低碳发展主管部门的工作人员能力尚有待加强，而大部分地级市尚未设立应对气候变化的主管部门；其次，专门从事碳交易的第三方机构、中介机构和交易机构数量有限，人员严重缺乏，企业专门从事碳交易的工作人员更加稀缺；最后，在数据基础方面，尽管在能源消费统计计量监测方面我国已经奠定了一定基础，但是在碳排放统计计量核算的方法和制度建设方面还很滞后，目前绝大部分企业还没有碳排放数据，只有部分省市编制了2010年的温室气体排放清单，同时作为配额合理分配重要技术支撑的重点行业排放基准线标准目前尚未出台。

第三，碳交易相关法律严重缺失。我国目前在碳交易领域，甚至低碳发展和应对气候变化方面，还没有专门的法律保障。我国目前仅在碳交易领域出台了部分政策文件，这些文件法律效力低、有效期短、处罚力度有限，对开展碳交易无法形成有效支撑。

第四，当前分散化的管理体制和由此分散出台的政策对碳交易制度建设构成较大挑战。开展碳交易是一项综合性很强的工作，但是我国和开展碳交易密切相关的节能、非化石能源、低碳的工作由三个不同部门管理，部门协调难度较大。与此同时，三个部门分别出台了节能、非化石能源、低碳的约束性考核目标，开展碳交易后如何妥善协调这三个指标是一个非常实际的问题。此外，我国近年来出台了大量推动节能减排和可再生能源发展的政策，例如以奖代补、电价补贴、减免税、价格政策等，这些政策既存在相互促进、相互补充，也存在部分重复、部分制约，碳交易如何与这些政策进行协调衔接，这是另外一个非常重要的问题。

第五，市场监管体系滞后。首先，监管体系不健全，主要表现在多层次的监管体系尚未形成，中央和地方监管机构权限尚不明确、监管职责难以确定；其次，监管制度不完善，目前市场监管制度还存在不少漏洞，而监管制度的执行情况同样令人担心。

第六，社会信用体系不完善。目前，社会信用体系不健全是我国面临的突出问题，商品假冒伪劣、交易弄虚作假现象层出不穷，信用体系不完善已经对整个市场经济的良好运行造成了严重影响。对于碳排放权这种无形、虚拟的商品，社会信用缺失可能会造成更恶劣的影响，稍有不慎便可能出现买空卖空甚至出现更加严重的犯罪问题。

上述有利条件和制约因素反映在碳交易制度框架中各环节的制度设计方面，可以总结归纳为下表（见表 10）。

表 10　　有利条件和制约因素在碳交易制度框架中的反映

碳交易制度框架		已有基础	主要不足
3 项核心制度	总量设定和配额分配制度	有能耗强度和碳强度约束性目标； 有可参考的核目标分解机制； 有部分行业产品的能耗限额标准	缺乏国家碳排放总量控制目标； 缺乏不同层次区域的碳排放总量控制目标； 缺乏重点行业碳排放总量控制目标； 缺乏重点行业碳排放配额分配基准线标准
	交易制度	无	金融市场发展滞后； 价格形成机制不健全； 市场规则和社会信用体系不健全
	履约和考核制度	有目标责任行政考核机制； 有行政问责； 考核结果依据为统计部门数据	缺乏具有约束力的法律法规； 缺乏具有约束力的经济惩罚手段； 考核结果缺乏的第三方机构的核查与监督

续表

碳交易制度框架		已有基础	主要不足
2个支撑机制	监测报告核证机制	有能耗统计监测基础； 有企业的能源利用状况报告制度； 统计局在负责能耗统计； 部分节能项目节能量计算方法和审核机构	企业和政府部门的碳排放数据基础很薄弱； 无碳排放利用状况报告制度； 无碳排放统计体系，无碳排放量核查机构； 可遵守联合国规定的具有额外性的减排项目减排量计算方法学（覆盖范围小），有一些项目减排量核证机构
	配额登记记录机制	无	需要重新设计
1套外围体系	法律法规体系	有节能法、可再生能源法，以及一系列配套政策法规	无专门针对碳交易的法律法规，只有部分政策文件
	管理体系	气候变化管理体制逐渐完善； 行政监管强	气候变化管理机构不健全； 部门协调难度大； 市场监管弱
	外围政策协调体系	有物价政策、金融政策等； 国有企业和民营企业的地位不对等； 政府部门权力偏大； 同时有节能、非化石能源、低碳3个约束性指标； 有一系列节能减排和可再生能源发展的政策	需要协调并完善现有物价、金融等政策； 需要妥善处理国有企业和民营企业的地位不对等问题； 对政府部门权力偏大问题，需要趋利避害； 需要妥善协调衔接节能、非化石能源、低碳指标； 需要妥善协调并完善现有的节能减排和可再生能源发展政策

三、需重点考虑的国情特色

现实国情对开展碳交易有利有弊，设计我国碳交易制度需要对国情特色进行重点考虑。本书认为，我国碳交易制度设计需要重点考虑以下几个方面的国情特色。

1. 已建立了责任目标层层分解和考核机制

为了实现既定的总量控制目标，开展碳交易需要将该目标进行分解，同时需要对下级政府和企业的履约情况进行考核。其实，我国长期以来就对包括节能减排在内的约束性指标实施层层分解和责任目标考核，并已经形成一套比较成熟的责任目标分解和考核机制。就当前的节能减排责任目标考核机制而言，与碳交易制度中的总量设定和配额分配制度、履约和考核制度相比，主要区别是：①未允许交易，所以没有给未履约情况提供“出口”，也未形成通过市场发现价格的机制；②当前的节能低碳指标是强度指标，而不是绝对量指标；③我国的考核评价数据依据主要来自于统计部门，而不是像欧盟等国家更多利用第三方机构或者独立审评专家来评判。在借鉴发达国家的经验的同时，如何利用好我国已有的目标责任考核机制，是我国碳交易制度建设需要考虑的一个中国特色。

2. 经济增速快，碳排放增量大

发达国家建立碳交易制度是建立在其国内经济增长速度在相对较低水平保持稳定，产业结构也已经完成转型相对合理的基础之上，因此，其国内碳排放水平的增长极为缓慢，对其碳排放量实施总量控制相对较为容易。相比之下，我国仍处在经济高速发展阶段，能源消费量和碳排放量同步快速增长。有研究显示，国内碳排放和能源消费峰值需要在 2030 年甚至更晚才能出现。经济发展速度快意味着能源消耗量和温室气体排放量将继续增长，这将导致碳交易体系中设置的温室气体总量控制目标逐渐提高。由于经济发展速度的不确定性很大，使得各级政府部门设置碳排放总量控制目标的难度进一步增大。所以，我国建立碳交易制度，需要以发展的眼光，牢牢把握经济增长、发展转型、结构调整与碳排放增长之间的关系，认真做好总量目标设定和分配工作，而不能全盘照搬发达国家以历史排放为主的市场构建模式。

此外，大部分发达国家已经进入经济增速较慢、能源消耗及碳排放增速较低甚至负增长的阶段，所以其碳交易制度中重点考虑的是存量的技术减排。而在我国，2000 年到 2010 年 10 年间，能源消费量从 14.5 亿吨标准煤增长到 32.5 亿吨标准煤，增量是存量的 1.24 倍。未来 10 年我国 GDP 将进一步翻一番左右，能耗将增长到 50 亿吨标准煤左右，其中结构减排贡献度超过 50%。因此，合理控制引导碳排放增量，尤其是推动结构减排，是我国碳交易制度建设需要高度重视的一个重要问题。

3. 地域发展不平衡

国内地区之间经济发展不平衡不仅制约着经济整体发展水平的提高，也对碳交易制度设计中分配过程产生显著影响。发达国家内部也存在发展相对不均衡的特点，与之相比，我国地区之间的不平衡是在经济整体发展水平仍旧相对落后的大背景下形成的，相对发达地区已处在工业化后期阶段，落后地区甚至工业化都还未起步，但是无论哪个地区，离发达国家都有不小的差距。因此，在分配过程中，我们既要照顾东部地区经济发展转型的需求，也要照顾到中西部地区承接产业转移、逐步推进工业化进程的需求。

我国实施的主体功能区战略也是需要考虑的一个国情特色。欧盟内部各个成员国具有比较独立的经济自主权，发展方向可以自主把握。我国结合各地区的资源环境条件，对各区域发展进行了整体布局，不同地域在主体功能区规划中的发展定位不同，这就需要在碳交易制度设计中，特别是在配额分配制度中，设计能够反映中国国情的分配规则，贯彻主体功能区的战略要求，推动实现共同富裕。例如，在以生态保护为重点的地区，在碳排放配额分配环节，应考虑照顾其为保护地区或全国环境生态而牺牲的短期经济利益，使这些地区在为全国保护生态时，仍然能够合理提高当地居民的收入水平。

4. 政府主导经济发展

第一，当前我国的经济发展速度和发展方式，很大程度上是政府在发挥主导作用。解决我国的资源环境约束问题，推动“又好又快”科学发展，政府部门也是关键因素。为保证未来碳排放增量带来的质量效益，政府部门是需要重点考虑的一类责任主体，烟台开展能耗量交易的实践也证明了这一点。因此，尽管碳交易是一种市场机制，应该以企业为市场主体，但是我国的碳交易制度设计应该考虑使政府部门承担更大的责任。

第二，我国政府在许多情况下经常基于整体战略给下级政府部门安排重大项目。例如，我国中央政府可以从国家战略出发给地方强制安排相关重大项目，省级政府则会根据本省战略需要给地级市政府安排项目。这种做法虽然促进了项目所在地政府的经济发展和就业，但是在节能减排和碳排放目标约束性日益增强、考核力度不断加大的背景下，这些项目很可能成为项目所在地政府的负担，但是下级政府又不能不接受这种行政命令。如果这种情况长期不能妥善解决，则可能成为今后下级政府和上级政府进行利益博弈的一个关键点，因此这也是我国碳交易制度设计需要考虑的一个实际国情。

5. 国有企业地位特殊

第一，国有企业与地方政府在实现节能减排目标方面需要建立协调机制。我国国有企业的能耗占全国总能耗的很大比例，在现行管理体制下，其能耗指标和碳排放指标是算在企业所在地的政府头上，但其行政管理权在许多情况下不归企业所在地政府管理。例如，北京市的中央企业能耗占全市总能耗的40%以上，当前考核方法是将这些中央企业节能指标计入北京市节能目标，但是北京市对这些中央企业无法采取有效的控制措施。这种现实的国情也是我国碳交易制度设计需要考虑的因素。

第二，国有企业与民营企业的地位不对等。这种情况下无法保障碳交易市场的公平性，在我国碳交易制度设计中应该尽量避免，尽量使国有企业与民营企业在碳交易市场中处于公平竞争的地位。

6. 外围保障体系需要完善

例如，我国价格形成机制未完全市场化。以电力价格为例，国内电力行业尚未完全实现市场化，电力价格仍由政府通过行政命令确定，未来碳交易制度的引入，势必增加电力行业的生产成本，而电力行业却无法采用提升电价的方法将该部分成本向下游传导。同样，碳交易也将增加大量高能耗企业的生产成本，这种生产成本的提高将进一步传导到其产品的价格，在价格形成机制不健全的背景下，配额的分配过程可能遭遇较大阻力，企业生产经营秩序也将在加入碳交易后面临调整。

再如，我国围绕着节能、减碳和发展非化石能源提出了三个约束性目标，由于减碳与能源活动的密切关系，三个指标之间的关联性极强，而欧盟层面仅仅强调了减碳和可再生能源发展目标的约束性，并将其分配到各个成员国，节能目标并不是一项约束性目标。因此，国内碳交易制度设计需要考虑三者之间的协调关系。

此外，我国在节能减排和推广可再生能源等领域已经出台了一系列的价格、财政补贴、减免税等政策措施，碳交易制度如何与这些既有的政策相互协调和衔接，也需要妥善处理。

总之，我国的特殊国情既为开展碳交易奠定了一定基础，同时也对我国碳交易制度建设形成了不少的挑战，因此完全按照西方国家的方法设计我国的碳交易制度是不可行的。同时，由于我国的经济社会总体上处于快速发展和快速变革的进程中，现有国情对碳交易制度设计奠定的基础和形成的挑战也可能随时发生变化。因此，我国需要基于自身的国情特色，设计有中国特色的碳交易制度，同时确保这套制度能在我国顺利运行。

第5章 我国碳交易制度设计

本章首先分析提出我国碳交易制度的总体思路和总体构想；然后围绕“三步走”战略步骤研究了我国碳交易制度发展的路线图，提出了每个阶段的发展目标和重点任务；最后，围绕建立具有中国特色的全国碳交易市场，运用本文提出的碳交易制度理论框架和碳交易制度主体关系分析模型，研究提出了全国碳交易制度设计方案，并对制度设计中反映的国情特色进行了总结。

一、基本思路和总体构想

设计碳交易制度、建立国内碳交易市场，是一项战略性、连续性的工作，不是权宜之计，不能浅尝辄止。必须站在统揽经济社会发展全局的高度，兼顾国内外发展大势，设定碳交易市场建设的战略目标和战略步骤，并围绕此目标设计全国的碳交易制度框架，着重突出碳交易制度顶层设计对国内碳交易市场建立和发展战略实施的引导性作用。

1. 总体目标

(1) 认识和定位

低碳发展理念已经深入人心，作为在低碳背景下产生的一种全新的经济制度形态，碳交易将对全球未来发展产生深远影响。建设具有中国特色的碳交易制度，既要放眼世界、放眼未来，又要结合我国的发展阶段和实际国情，充分考虑到碳交易制度建设的复杂性和艰巨性，科学认识和准确定位，推动建立具有中国特色的碳交易制度。

一是要从战略的高度重视我国碳交易制度建设工作。我国建立碳交易制度不是权宜之计，而是顺应时代发展潮流、加快转变经济发展方式的战略抉择，是积极占领未来全球低碳发展制高点、形成全球竞争优势的关键举措。

二是要从碳交易的本质来科学认识我国碳交易制度建设工作。碳交易只是控制温室气体排放的一种手段，尽管碳交易有利于在既定控排目标下实现更大的经济效益，但是控制温室气体排放还包括碳税、价格等政策途径，而且如果在目标制定、配额分配、履约机制、交易规则、监管机制等重要环节处理不当，碳交易对我国的经济社会发展也存在一定的潜在风险，因此当前阶段不宜希望碳交易解决所有节能减碳问题。

三是要结合我国国情来客观对待我国碳交易制度建设工作。碳交易制度涉及面非常广，建立碳交易制度并不是一个小问题，而是一个全面的制度建设，是一项复杂庞大的系统工程，其发展方向是覆盖全国、接轨国际。我国当前仍然处于工业化、城镇化的快速发展阶段，社会主义市场经济体制改革正处于关键时期，建设碳交易制度所需的基础能力、法律体系、体制机制建设等方面仍处于逐步完善过程中，全面建设我国碳交易制度需要一个过程。

所以，对我国的碳交易制度建设需要有一个全面性、长远性、整体性的科学认识和战略考虑，建议把我国碳交易制度建设定位为“促进我国经济发展绿色低碳转型的一个重要抓手，推动我国节能减碳工作的一种重要手段，与我国社会主义市场经济体制改革相互促进的一项重要制度，我国与国际社会一道积极应对全球气候变化的一条重要途径”。

（2）战略目标

基于上述定位，建议我国建立碳交易制度的战略目标应该是：力争用 20 年左右的时间，基本建立一个覆盖全国的功能健全、结构完整、运行顺畅、初步具备与国际接轨能力的统一开放的碳交易市场。

——功能健全是指充分发挥碳交易对市场价值的引导作用，参与主体利益分配比较公平合理，有力推动经济发展向低碳方向转型。

——结构完整是指以配额市场为主，项目市场发挥辅助作用，同时金融衍生品市场有序发展。

——运行顺畅是指碳交易制度内部协调一致，并与外部制度良好衔接，市场发展和运行平稳。

——初步具备与国际接轨能力是指在市场开放程度、技术标准、交易规则、交易产品等方面具备与国际碳交易市场逐步兼容的能力。

这里提出“力争用 20 年左右的时间”的概念，是基于全面考虑诸多复杂因素的一种综合判断。①我国资源环境约束不断加剧，需要更多采用市场手段以更低的资源环境成本代价实现更大的经济社会效益，需要借助碳交易制度融入以低碳发展为特征的新的全球经济制度体系。②碳交易制度建设是一项复杂庞大的系统工程，而当前我国仍然处于快速发展阶段，建设碳交易制度的能力建设基础薄弱，外围体制机制有待完善。③未来我国的经济社会发展、气候变化国际谈判进程以及全球的发展态势存在着诸多不确定性。我国碳交易制度建设的具体发展进程将取决于这些复杂因素在未来的变化趋势。

2. 基本原则

一是坚持成本有效原则，把“低成本实现控排目标”作为制度设计的核心出发点。

二是坚持循序渐进原则，“由点到面，由易到难”，逐步建立和完善碳交易制度。

三是坚持效率与公平兼顾原则，在积极推动碳交易制度要素建设的过程中充分体现合理性与公平性。

四是坚持风险可控原则，协调好经济发展和碳排放约束的关系，合理避免和有效控制潜在的风险。

3. 战略步骤

当前我国建立碳交易制度的基础仍然比较薄弱，要实现上述战略目标不可能一蹴而就，需要分阶段、分步骤推动实施。建议未来我国碳交易制度建设可以实施“三步走”战略步骤。第一步，用10年左右时间，积极探索国内区域性碳交易试点；第二步，再用10年左右的时间，加快推进全国碳交易市场，建成一个覆盖全国的功能健全、结构完整、运行顺畅、初步具备与国际接轨能力的全国碳交易市场；第三步，积极参与全球碳交易市场规则制定，加强风险防范，稳步推进国内市场与国际市场的对接。

二、我国碳交易制度发展路线图

基于上述总体目标和战略步骤，本节提出了我国碳交易制度发展的路线图，明确了每个阶段的发展目标、重点任务、推动模式以及需要为下一阶段而开展的前期准备工作。

1. 试点阶段

（1）发展目标

从 2011 年到 2020 年左右，用大约 10 年的时间，通过积极推动国内试点省市试点以及试点地区互联的区域性碳排放交易试点，探索碳交易这种创新性的制度在我国将会遇到的主要问题及符合我国国情的解决思路，通过“干中学”为构建全国碳交易市场探索实践经验；加快提高基础能力建设，并为构建全国碳交易市场争取时间做更充分的准备。

（2）重点任务

试点阶段的重点建设任务包括以下四点。

第一，加强基础能力建设。深化政府、企业、社会公众对碳交易的认识；完善碳交易组织领导机构，充实人员队伍；组织认定第三方机构；广泛开展培训，提高碳交易相关从业人员的业务素质；加强碳交易平台建设。

第二，统一数据标准。广泛调研，获取排放企业的真实排放数据；在此基础上，制定全国统一的企业碳排放核算方法、行业碳排放基准线以及监测报告核证规范和指南，建立全国统一的碳交易登记注册系统。

第三，探索不同制度设计方案和交易模式。各试点应根据当地实际情况，确定入选碳交易试点的行业类型和入选企业标准，研究试点总量控制目标和试点地区碳排放强度下降目标的关系，建立分配方法并下分配额。在此基础上，结合政府控排目标重点探索不同分配方式和交易模式的实践效果。

第四，建立试点互联的区域碳交易市场。建立试点地区互联的区域性碳交易市场，建设国家层面碳交易登记簿，探索覆盖范围更广、制度功能更完善、交易模式更复杂情况下碳交易制度的实践效果，为构建全国碳交易市场提供更多的实践经验。

（3）推动模式

根据我国实际国情，建议试点工作分两个阶段：①第一阶段："十二五"期间，选取积极性较高、条件相对成熟的省市作为试点，尝试建立以配额交易为主、具备初步功能的区域性碳交易市场。②第二阶段："十三五"期间，试点地区进一步完善市场功能和制度建设，鼓励非试点省市自行开展碳交易，探索在有限的碳排放空间下利用碳交易提高发展效益，实践不同省情下采取不同制度模式的效果和问题，推动在不同试点省市之间开展连接，为建立全国碳交易市场奠定制度建设基础。

（4）需为下一阶段开展的准备工作

一是开展全国阶段碳交易制度设计。结合试点建设经验教训，基于顶层设计角度设计全国阶段的碳交易制度，对碳交易总量设定和配额分配制度、履约和考核制度以及交易制度等三项核心制度进行系统设计，明确统一的 MRV 技术规范、重点行业排放基准线以及登记簿标准，指明全国阶段碳交易市场的功能定位、发展目标、推动思路和实施路径。

二是完善碳交易外围条件。积极推进碳交易立法工作，完善市场监管制度，在可能的情况下要积极完善价格政策，特别是完善主要能源价格政策，探索碳交易与其他节能、减碳、可再生能源发展目标和政策的衔接。

2. 全国市场阶段

（1）发展目标

从 2020 年开始，用 10 年左右的时间，建成一个覆盖全国的功能健全、结构完整、运行顺畅、初步具备与国际接轨能力的全国碳交易市场。

（2）重点任务

一是完善全国碳交易市场制度建设，根据市场运行效果调整和完善碳交易制度设计方案，进一步完善碳交易制度外围保障体系，使碳交易制度和其他政策更加协调。

二是研究全国碳交易与全球碳交易的接轨问题，为日后碳市场的国际接轨打好基础。后期还要建立碳交易市场与能源市场、金融市场等市场的接轨安排。

（3）市场体系结构

全国市场阶段应形成以“1套标准、2种标的、3个层级、4类主体”为主要特征的碳交易市场体系结构。其中，“1套标准”指建立一套全国统一的MRV技术规范、重点行业碳排放基准线和登记簿标准；“2种标的”指配额交易为主、减排信用交易为辅的2种标的共存的全国碳交易市场；“3个层级”指建立一个覆盖范围从中央到省再到地级市、包括三个政府层级的全国碳交易市场；“4类主体”指碳交易市场主体包括履约企业、履约政府、实施减排项目的非履约主体和其他投机主体（非履约企业、银行、投资机构、个人）等。

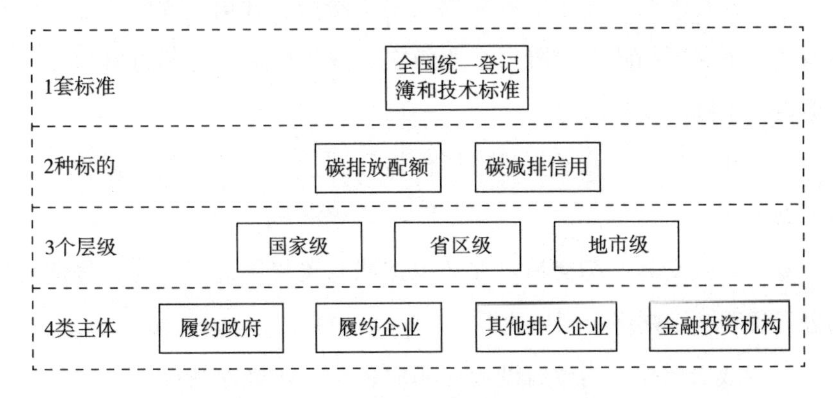

图15　全国碳交易市场体系结构

（4）制度总体特征

全国市场阶段碳交易制度设计思路应体现“总量控制，层层分解，分级管理，目标考核，市场定价，按规交易，政府调控，特殊考虑，统一标准，内外协调”等10个特征。

①“总量控制”指对全国碳排放量实行总量控制，总量控制目标可以自行制定，在我国承担国际量化减排任务的情况下，我国总量控制目标将和承担的国际控排目标进行良好衔接。

②“层层分解”指借助我国现行体制，将总量控制目标进行对下级政府和企业进行逐层分解。考虑到政府层级过少不利于调动各方的积极性，影响推动控排目标的实现，政府层级过多将导致碳交易市场体系太复杂，不利于碳交易的运行，因此建议建立覆盖中央、省、地级市三个政府层级的责任目标分解体系。

③“分级管理”指每级政府负责管理所辖的下级政府和企业，体现“责任主体可控”原则。其中，中央政府为中央直属国有企业和省级政府分配碳排放配额并进行管理；省级政府为省属国有企业和地级市政府分配碳排放配额并进行管理；地市级政府为选择的所辖履约企业分配配额，剩余配额由地市级政府直接控制使用。

④“目标考核”指上级政府部门对下级履约政府和履约企业实施目标考核，下级履约政府和履约企业的实际碳排放量不能超过其提交的配额数量，否则将受到惩罚。

⑤“市场定价”指碳交易市场价格原则上主要由市场供需决定，政府不做干涉。

⑥“按规交易”指交易双方必须按照有关规则进行交易，保证交易的公开透明，否则将受到处罚。

⑦“政府调控”指政府设置配额储备库，在极端情况下及时发挥储备库的“蓄水池”作用，通过出售或购买配额以稳定市场价格。

⑧“特殊考虑”指对相关国情特色进行特殊考虑。主要包括：①对地区发展不平衡问题进行特殊考虑，地区分配总体上体现公平原则，借助科学合理的配额分配方法，促进对生态保护区及贫困地区的“生态补偿和转移支付”，推动不同区域之间的平衡、协调可持续发展。②对国有企业进行特殊考虑，主要指对国有企业实现分级管理。③对碳排放增量问题进行特殊考虑。一是对于上级政府拟安排给下级政府的重大项目，在分配时应预留出相关项目的碳排放配额；二是地级市政府所辖的增量项目，将由地级市政府控制其质量效益。④对发电厂排放处理方式的考虑。建议不将发电企业纳入到碳交易体系，而是通过制定单位发电量碳排放基准线的方法来控制各电力集团的碳排放水平，同时将终端用电的碳排放按照间接排放计算方法纳入到终端企业的碳排放量中。

⑨“统一标准”指国家碳交易市场制度设计具有统一的标准，例如分配配额过程中采用统一的行业碳排放基准线，对碳排放量进行监测报告核证采用统一的方法，在全国建立统一的碳交易登记簿等。

⑩“内外协调”指国家碳交易市场不仅内部制度设计要素之间是协调的，碳交易制度和其他外围政策也是相互协调、相互配合的，碳交易和其他政策共同组成了我国控制温室气体排放的政策体系。

（5）推动模式

建议全国碳交易市场分两步推动：第一阶段为试运行阶段，主要任务是初步建立全国碳交易市场，探索实践经验。第二阶段为完善阶段，在分配原则、方法、方式，履约考核制度，参与交易主体的范围和交易规则，MRV技术规范，登记簿，外围保障体系以及全球碳交易国际规则制定等方面得到完善和提高，初步形成与国际市场接轨的能力。

（6）需为下一阶段开展的准备工作

一是提前研究国际碳交易规则，为全国碳交易市场与国际碳交易市场接轨做准备，也为日后参与或主导国际碳交易规则做准备。

二是提前研究制定风险防控体系。与国际碳市场接轨后，我国碳市场面临风险将大大增加，因此需要提前研究风险防控体系，做好充分准备。

3. 国际接轨阶段

（1）发展目标

2030年以后，稳步推动国内市场与国际市场的对接，积极参与并主导制定碳交易国际规则，加强风险防范，推动建立功能健全、结构完整、运行顺畅、具备与国际接轨能力的统一开放的碳交易市场。

（2）市场体系结构和市场制度特征

国际接轨阶段，受未来全球的发展态势、联合国气候变化国际谈判进程、全球其他国家碳交易市场的发展情况的影响，全球碳交易市场体系和碳交易制度的变化都将出现较大的不确定性。但是，部分制度特征比较确定，即碳市场将拥有多类主体、多个层级和多种标的，碳交易制度将拥有跨国的统一的MRV技术规范、重点行业碳排放基准线和登记薄标准。主要原因在于，全球碳交易市场的发展趋势是技术标准的逐渐统一化和参与主体的逐渐多样化，技术标准统一化的具体表现就是MRV技术规范、重点行业碳排放基准线以及碳交易登记簿的统一化，市场交易模式和规则也将逐渐统一；主体多样化则是碳交易的主体数量和种类大量增加，标的形式也将大量增加。这些特征使得国际碳交易市场成为名符其实的统一、开放的碳交易市场。

（3）重点任务

一是加强风险防范。要本着“以我为主，互利共赢”的原则，在全球碳资产分配、碳交易结算货币、重点行业碳排放基准线标准、交易规则、MRV 规则的制定等方面，发挥我国作为一个全球负责任大国的积极影响和重要话语权，避免在关键问题上落入主要由其他西方国家主导的“游戏规则”圈套，造成我国重大利益的损失。

二是积极参与并力求主导国际规则制定。我国应积极参与国际规则制定，努力提高话语权和影响力，力求在控排目标分配制度、履约考核制度、全球碳交易规则、重点行业碳排放基准线标准、MRV 技术规范等方面主导国际规则，同时力争在与碳交易相关的全球贸易规则、结算货币规则等方面发挥重要作用甚至主导作用，推动人民币成为全球碳交易市场中的主要结算货币。

（4）推动模式

建议国际接轨阶段分两步实施：第一步，选择推动思路、交易规则、技术规范等与我国相近的碳交易市场实施对接，提高在我国在规则制定方面的引导能力。第二步，条件成熟后，进一步扩展与其他碳交易市场的连接，力争占领全球碳交易市场规则制定的主导地位，建成统一、开放、与全球碳交易市场接轨的碳交易市场。

表 11　　我国碳交易制度发展路线图

发展阶段	试点阶段	全国市场阶段	国际接轨阶段
时间安排	2011 ~ 2020 年左右	2020 ~ 2030 年左右	2030 年之后
空间范围	部分试点省、市	全国范围	逐步向全球扩展
发展目标	用 10 年左右的时间积极推动国内区域性碳排放交易试点建设，探索我国开展碳交易的主要问题及符合国情的解决思路，通过“干中学”为构建全国碳交易市场探索实践经验；加快提高基础能力建设，为构建全国碳交易市场做更充分的准备	用 10 年左右的时间，基本建成一个覆盖全国的功能健全、结构完整、运行顺畅、初步具备与国际接轨能力的全国碳交易市场	基本建成覆盖全国的功能健全、结构完整、运行顺畅、具备与国际接轨能力的统一、开放的碳交易市场

续表

发展阶段	试点阶段	全国市场阶段	国际接轨阶段
市场体系结构	尚未统一，由试点决定	1套制度； 2种标的； 3个层级； 4类主体	多类主体； 多个层级； 多种标的； 统一标准； 统一模式
制度特征	尚未统一，由试点决定	总量控制； 层层分解； 分级管理； 目标考核； 市场定价； 按规交易； 政府调控； 特殊考虑； 统一标准； 内外协调	
重点任务	加强基础能力建设； 统一标准规则； 探索不同制度方案和交易模式； 运转试点互联的区域碳交易市场	完善碳交易市场制度建设； 积极研究与国际碳交易市场接轨	加强风险防范； 积极参与并力求主导国际规则制定
推动模式	第一步：选取积极性较高、条件相对成熟的省市作为试点，建立以配额交易为主、具备初步功能的区域性碳交易市场； 第二步：扩大试点范围，完善市场功能和制度建设，实践不同制度模式的效果和问题，推动试点相互连接	第一步：试运行阶段，初步建立全国碳交易市场，探索实践经验； 第二步：完善阶段，全面完善制度建设，初步形成与国际市场接轨的能力	第一步：选择推动思路、交易规则、技术规范等相近的碳交易市场实施对接，提高在规则制定方面的引导能力； 第二步：条件成熟下，进一步扩展与其他碳交易市场的连接，力争占领全球碳交易市场规则制定的主导地位，建成统一、开放、与全球碳交易市场接轨的碳交易市场

续表

发展阶段	试点阶段	全国市场阶段	国际接轨阶段
为下一阶段的准备工作	开展全国碳交易市场制度设计； 完善外围条件，推进碳交易立法，完善市场监管，在可能的情况下健全价格形成机制，推进政策协调与衔接	研究国际规则； 加强市场风险防范体系设计	—

三、全国碳交易市场制度设计

在我国碳交易制度建设的“三步走”战略步骤中，试点阶段主要将更多地发挥地方的能动性，由试点省市结合当地实际尝试不同的碳交易制度模式；与国际接轨阶段则是一个长远目标，未来国内外发展环境还存在着很大不确定性。所以，本书以支撑建设全国碳交易市场的制度设计为重点，从“3项核心制度”入手，结合我国国情，提出我国全国碳交易市场阶段的制度设计方案。同时，从支撑机制和外围保障方面提出建设全国碳交易市场的保障措施。

需要特别强调的是，本书对全国碳交易制度进行设计时有以下两点考虑。

一是政府是广义碳交易市场内的重要参与方。碳交易是经济主体之间对于碳排放权的让与和取得，广义上来说可以包括买卖的交易、管理的交易和限额的交易。买卖的交易通过法律上平等的、人们自愿的统一，转移财富的所有权。管理的交易用法律上的上级的命令创造财富。限额的交易，由法律上的上级指定，分派财富创造的负担和利益，这三种交易正好代表了三种制度安排：市场、企业与政府。因此碳交易的经济主体，不一定局限于个人之间，也可能是集体，还可能是政府。当然，由于政府和企业、个人在市场内的地位不同，其参与交易的规则将有所差别。

二是从国际气候变化谈判和倒逼国内发展转型的要求来看，我国未来需要对全国碳排放实行总量控制。在当前的公约和议定书谈判轨道下，国家作为主体参与谈判，承担相应的减排责任义务，而且发达国家需要承担绝对量化的减排义务，因此随着经济持续发展，对全国碳排放进行总量控制将是必然趋势。即便在当前，要充分发挥碳排放总量控制的倒逼作用，也需要对全国的碳排放进行总量约束。仅仅对若干个行业进行总量控制，不能充分发挥市场机制的优越性，而且针对部分行业，特别是高耗能行业，已经采取了更多严格的产业政策，对碳排放约束下的经济整体发展转型的引导作用相对有限。

基于以上两点认识，本书所设计的全国碳交易市场是建立在全国碳排放总量控制目标之下，通过对各级地方政府和企业逐层分解排放控制目标，并允许交易而形成的碳市场，相应的碳交易制度设计也体现了这一思想。在全国碳排放总量控制之下开展碳交易，其优点在于将地方政府和企业的碳排放控制与全国碳排放总量控制目标形成严密的接轨，而且由于地方政府承担了部分碳排放总量控制工作（即非大型排放单位的排放控制目标部分），有助于发挥地方政府在调整当地经济发展方式的积极作用，激励地方政府开展相应的政策机制创新，更好地推动温室气体排放控制工作。

综上，本书设计的碳交易市场制度是基于全国碳排放控制目标下碳交易市场的顶层制度，是广义碳交易的概念。在此碳交易模式下，若不考虑地方政府之间的碳交易制度安排，就形成了单纯企业之间的碳交易市场，即目前国内各试点开展的碳交易类型。

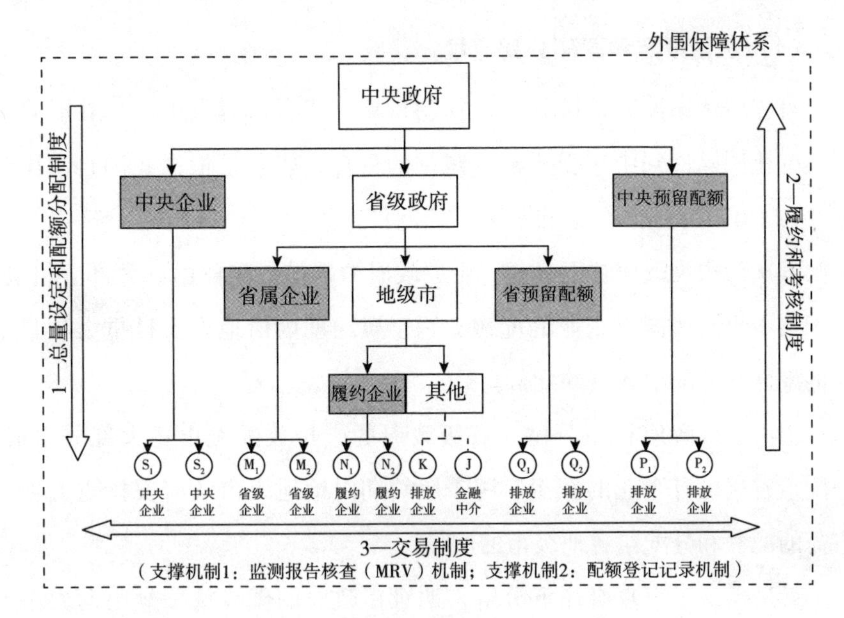

图 16　我国碳交易制度主体关系图

如前文所述，全国碳交易市场的总体市场体系结构是“1 套标准、2 种标的、3 个层级、4 类主体”，总体特征是“总量控制、层层分解、分级管理、目标考核、市场定价、按规交易、政府调控、特殊考虑、统一标准、内外协调”。为此，结合我国实际国情，本研究提出以下较为详细的全国市场阶段的碳交易制度设计方案。

1. 总量设定和配额分配制度

秉承“公平、合理、可持续”的原则和“分级管理”原则，“层层分解，由中央到地级市”，中央和省将配额分给下级政府和直接管辖的重点国有企业，并为拟安排给下级政府的重大增量项目预留配额，最后由地级市政府分解到其管辖区域内的履约企业，其余配额由地级市政府支配。

（1）总量设定和配额分配流程

首先由国家设定碳排放总量控制目标。或者届时我国已经在联合国气候变化国际谈判中接受了定量减排的目标，或者是根据我国自身国情需要自主确定了我国的碳排放总量控制目标。

其次由中央政府往下分解。中央政府的碳排放配额由三大部分组成：分配给中央直属国有企业的配额、用于履约期内给地方安排重大项目所需的配额和分配给各省的配额。

再由省级政府往下分解。省级政府的碳排放配额由三大部分组成：分配给省属国有企业的配额、用于履约期内给地级市政府安排重大项目所需的配额和分配给各地级市的配额。

最后由地级市政府往下分解。地级市政府的碳排放配额由两大部分组成：第一部分是分配给本级政府管辖区域内的履约企业的碳排放配额。即从经济存量中选择重点行业的重点企业，作为履约企业，为其分配碳排放配额，作为履约企业的碳排放总量控制目标。第二部分用于履约企业以外的经济社会进一步发展和老百姓生活水平进一步提高的配额。后一部分配额指标代表了在履约期内地级市政府能够直接控制的经济社会发展空间，可用于三个方面：①由于排放规模较小等原因未被纳入履约企业的既有排放主体。②为未来经济发展和老百姓生活水平提高而预留的增量空间。③少量预留配额，用于合理调控市场，避免碳交易市场价格大幅度波动，保障市场运行比较平稳。

（2）分配原则和方式

总体上，秉承“公平、合理、可持续”的原则和“履约主体可控”原则。

给下级政府部门的配额分配原则：实施免费分配，以“人均 GDP 和主体功能定位”为核心出发点，综合考虑能耗强度及碳强度在全国的水平以及资源禀赋等情况，促进对生态保护区及贫困地区的“生态补偿和转移支付”，推动不同区域之间的平衡、协调和可持续发展。

给企业的配额分配原则：从“以行业基准线排放标准方法为主结合历史数据方法，免费分配”，到“部分行业按照行业基准线排放标准方法免费分配，更少的行业按历史数据方法免费分配，同时选择部分非外向型重点排放行业实施拍卖”。

对增量项目的分配原则：①对履约期内国家和省从战略需要拟安排给地方实施的重大项目，分配时预留相关配额，免费分配，但是需要对这些项目通过“能评或者碳评”从节能低碳角度进行严格把关，并对其实际排放量进行严格核查；②对履约期内地级市管辖范围内的增量项目，其分配原则和具体方法由地级市政府根据当地整体利益自行裁量决定，需要在“地方未来经济社会增量发展空间”和“企业承受能力”之间权衡好“圈里圈外”的利益分配关系。

对于市场退出者的处理原则：视其退出原因和持有的配额来源做具体处理。

（3）履约周期和分配周期

履约周期：考虑到我国每隔 5 年将出台“五年规划”的惯例，建议履约周期与“五年规划”期同步。

分配周期：建议与“五年规划”期同步，提前告知履约对象在规划期内每年的总量配额目标，给市场前景预期。实施年度分配，但是下一年度的目标可以进行合理微调。

（4）温室气体覆盖范围与电力碳排放核算原则

温室气体覆盖范围：试行阶段配额范围只考虑能源活动引起的二氧化碳，以及重点工业行业（水泥、钢铁、电石）工艺过程二氧化碳排放；完善阶段进一步视情况合理扩大范围。

电力碳排放的核算原则：其核心问题是将电厂发电的碳排放计算在供应端还是消费端。如果采用直接排放的核算方法，即电厂发电的碳排放都计算在供应端（发电厂），而消费端用电量的碳排放则为0。按照这种方法则需要给发电厂分配配额，而给消费端履约企业分配配额时，其终端用电量按照零排放处理。这种核算方法导致的问题是：①我国终端电力需求仍然在快速增长，是支撑经济社会发展的重要终端能源，而当前尚未出台浮动电价政策，电力市场化改革的道路还比较漫长。这种情况下，一旦强制性对发电企业实施碳排放总量控制，发电企业将处于“两头堵，没有出路”的境地。②我国的节电潜力主要在消费端，而发电厂的节电潜力相对较小，这种方法仅抓发电厂节电，不利于推动消费端挖掘节电潜力。所以，本书建议，在我国的电力市场化改革任务未完成之前：①采用间接排放的核算方法，即给消费端履约企业分配配额时，发电的碳排放都计算在终端电力消费用户，从而有利于鼓励其充分挖掘自身的节电潜力。②建议不给发电企业分配配额，即不把发电企业作为我国的碳交易市场体系的履约主体，而是由直接抓电力集团，通过制定单位发电量碳排放基准线的方法来控制各电力集团的碳排放水平，并强制各电力集团的单位发电量碳排放水平必须符合要求，否则将采取惩罚措施（如不允许其新建火电厂等）。同时，建议对电力集团单位发电量的碳排放基准线水平提出比较严格的要求，一方面有利于鼓励其挖掘节能潜力，提高发电效率；另一方面有利于鼓励其提高清洁能源发电的比例，促进我国清洁能源的发展。

（5）需要注意的问题

上级政府部门在确定“分给谁”“分多少”“自己预留多少”方面则需要本着“公平、合理、可持续”的原则做全面的考量。

①分配过程中要考虑“履约主体可控原则”。即上级政府部门通过配额分配希望下级政府或者履约企业实现的减排效果是它们经过努力可以

实现的，如果它们根本无法做到，则需要另作考虑。本方案中对国有企业和政府给下级强制安排的重大项目的处理方式，则反映了这种原则。此外，给履约企业分配的碳排放配额，也应该是其经过努力可以实现的目标。

②在地级市政府给履约企业进行配额分配时，需要在“地方未来经济社会增量发展空间”和“履约企业承受努力”两方面权衡考虑。如果给履约企业分配的配额偏紧，则该地级市能够用于未来增量空间的指标则相对富裕，并且有利于推动企业采取减排措施，但履约企业不易接受；如果给履约企业分配的配额偏松，则企业容易接受，但该地级市能够用于未来增量空间的指标则相对较少，并且企业减排的动力相对较小。

③在地级市政府给履约企业进行配额分配时要尽量避免由于履约主体选择导致的“圈里圈外”不公平问题。在给履约企业分配配额“天花板”的同时，对由于排放规模较小等原因未被纳入履约企业的既有排放主体，本书建议应加强采用节能低碳标准、税收（例如碳税）等普适性政策，对其提出严格的节能减碳要求。

④在地级市政府给履约企业进行配额分配时预留的市场调控配额数量比例不宜太高。该配额应该发挥的主要功能是“蓄水池”作用，当市场价格过高时，可以将这些配额拍卖给市场，在平抑市场价格大幅波动的同时，拍卖配额获得的资金可以设立为专项资金，支持低碳发展能力建设。如果该部分预留配额太大，将压缩政府的经济发展空间，所以建议其比例控制在5%以内。

2. 履约和考核制度

按照“分给谁，谁需履约；谁分配，谁负责考核”的“分级管理”原则，由地级市政府开始自下而上实施年度履约考核，各履约主体必须在考核周期内缴纳足额的配额（或项目减排信用）抵消其碳排放，否则予以严厉惩罚。

（1）履约对象、责任目标与考核主体

中央政府：其履约责任目标是全国范围内的实际碳排放量是否超过了预定的碳排放总量控制目标。如果该目标为联合国分配给我国的强制性履约目标，则由联合国评价考核我国的履约情况；如果该目标仍然为我国自主提出的目标，则我国履约情况将接受各方舆论监督。

省级政府：其履约责任目标是一种综合排放量，该综合排放量由全省范围内实际的碳排放量减去国家直接管辖或强制安排的部分企业和重大项目的排放量，包括国家已经分配配额的中央直属企业在本省的碳排放量和中央已经预留配额的安排给省里的重大项目在本省的碳排放量。省级政府的履约责任目标由国家组织实施考核。

地级市政府：其履约责任目标是一种综合排放量，由全市范围内实际的碳排放量减去省级政府和中央政府直接管辖或强制安排的部分企业和重大项目的排放量，包括国家已经分配配额的中央直属企业在本市的碳排放量和中央已经预留配额的安排给本市的重大项目在本市的碳排放量，以及省级政府已经分配配额的省属企业在本市的碳排放量和省级政府已经预留配额的安排给本市的重大项目在本市的碳排放量。地级市政府的履约责任目标由省级政府部门组织实施考核。

地级市管辖的履约企业：包括民营企业和国有企业，其履约责任目标是地级市政府分配的配额数量。由地级市政府部门组织实施考核。

省属国有企业：其履约责任目标是省级政府分配的配额数量。由省级政府组织考核。

中央直属国有企业：其履约责任目标是中央政府分配的配额数量。由中央政府组织考核。

省级政府安排给地方的重大项目：项目投产运行后，由省级政府从预留配额中为其分配配额。建议把该项目所属企业纳入履约企业范围，其履约责任目标是政府分配的配额数量。本履约期内，由省级政府组织考核；到下一履约期，则视其是属于省属企业还是市属企业的企业性质，来最终决定其配额的分配主体和考核主体。

中央安排给地方的重大项目：项目投产运行后，由国家从预留配额中为其分配配额。建议把该项目所属企业纳入履约企业范围，其履约责任目标是政府分配的配额数量。本履约期内，由中央政府组织考核；到下一履约期，则视其是属于中央直属企业、省属企业还是市属企业的企业性质，来最终决定其配额的分配主体和考核主体。

（2）考核周期

综合考虑考核成本和碳交易市场活跃程度，建议实施年度考核。同时，为避免用当年的分配配额履约上一年的责任，建议考核上一年度履约情况的时间建议安排在分配当年配额的时间之前。

（3）考核流程

首先，地级市履约企业在碳交易电子登记簿账户中向地级市政府提交其配额，地级市政府对履约企业的履约情况实施考核。

其次，省属国有企业、省级政府给地级市政府安排重大项目的所属企业和地级市政府在碳交易电子登记簿账户中向省级政府提交其配额，省级政府对这些履约主体的履约情况实施考核。

最后，中央直属国有企业、中央政府给地方安排重大项目的所属企业和省级政府在碳交易电子登记簿账户中向中央政府提交其配额，中央政府对这些履约主体的履约情况实施考核。

（4）考核评价标准

考核评价履约对象是否履约的核心标准是看其实际碳排放量是否超过其向上级政府提交的配额数量。如果超过，则算未履约，应受到惩罚。

（5）履约数据的认可

履约对象实际排放数据的认可：①有履约责任的政府部门需按照要求

在考核期内将上一年度的排放清单报告（反映其责任目标范围内的实际碳排放量）提交给上级考核主体。考核部门组建由碳交易主管部门、统计部门等有关部门和专家组成的考核组对排放清单报告反映的实际排放数据结果的真实性和准确性进行严格的核查评估。②有履约责任的企业需按照要求在考核期内将上一年度的企业排放数据报告给上级考核主体。为确保具有履约责任企业提交的排放数据报告反映的实际排放数据结果的真实性和准确性，由经过考核主体进行资质认定的第三方核查机构进行核查，并向考核主体提交核查报告。考核主体认可经第三方核查机构核查后的企业排放数据。

履约对象提交配额数据的认可：履约对象在碳交易电子登记簿账户中向上级政府提交的配额数量。

（6）惩罚措施

惩罚原则：可采用“层级越低，惩罚越重”的原则，即“对下级的惩罚不能比上级对自身的惩罚措施还轻”。

惩罚手段：惩罚手段在一定程度上决定了碳交易市场价格的上限。建议尽快推动相关立法，采用法律形式，明确各方的责、权、利，并明确对违约将采取的罚款手段。①如果企业未履约，可采用罚款方式，并在下一年度分配配额时扣减超量排放 1 倍以上的排放指标。②如果下级政府未履约，则可考虑强制性终止其参加碳交易活动的资格，并在下一年度分配配额时扣减超量排放 1 倍以上的排放指标。

3. 交易制度

（1）交易市场参与主体

履约企业：①包括中央直属国有企业、省属国有企业、地级市政府选择的履约企业以及中央政府和省级政府安排给地方重大项目的所属企业。

②有义务按照上级政府的要求，接受分配的配额；向上级政府提交在考核期内上一年度的企业排放数据报告；按照要求在碳交易电子登记簿账户中向上级考核主体提交配额，完成履约任务。③在自身采取减排措施的同时，可以根据交易规则进行配额交易，完成履约任务，并获得经济利益。

履约政府部门：①在我国的碳交易市场内，承担履约责任的政府部门主要包括省级政府和地级市政府。②履约政府部门有义务按照上级政府的要求，接受分配的配额；向上级政府提交在考核期内上一年度的政府排放清单报告（反映其责任目标范围内的实际碳排放量）；按照要求在碳交易电子登记簿账户中向上级考核主体提交配额，完成履约任务。③履约政府部门在自身采取减排措施的同时，可以根据交易规则进行配额交易，完成履约任务，或获得经济利益。

实施减排项目的非履约企业：①实施减排项目的非履约企业是指没有履约责任（即未获得分配配额）但是自身实施了减排项目的企业。②实施减排项目的非履约企业应该按照项目减排量配额交易的规则和要求，开发减排项目、申报项目减排量配额证书的签发、参与交易，获得实施减排项目的回报。

投机主体：①投机主体指没有履约责任（即未获得分配配额）的企业、银行、投资机构、个人等。②投机主体不能和政府部门开展由政府分配的配额交易，和其他主体都可以开展由政府分配的配额交易。③持有减排量配额的投机主体可以和包括政府部门在内的任何市场主体开展项目减排信用配额交易。④在我国碳交易市场尚未与国际碳交易市场接轨之前，投机主体持有的配额只能参与我国境内的碳交易活动。⑤投机主体参与碳交易活动，有利于发展碳金融，引导社会资金投入节能减排和低碳发展领域；但为避免投机主体过度“囤积”配额导致市场混乱，建议政府部门对投机主体资质和参与市场交易的行为出台规范管理措施。

(2) 两类交易标的物的交易规则

配额市场交易规则：①履约企业之间可以自由交易。②政府只能和政府交易，且应受到规制。为避免“地方政府过度牺牲长远利益的问题”，其卖出的配额数量比例应该受到合理控制。建议，一是由国家统一制定比例上限；二是卖方需要向上级政府备案；三是卖方政府应将收入作为专项资金主要支持节能减排和低碳发展。③投机主体（包括非履约企业、银行、投资机构、个人等）不能和政府进行交易配额，和其他主体都可以开展配额交易。但是在我国碳交易市场尚未与国际碳交易市场接轨之前，投机主体持有的配额只能参与我国境内的碳交易活动。

项目减排信用交易规则：为鼓励非履约企业开发实施减排项目，建议允许其项目减排量参与交易。但是，要求这些项目具有“额外性”。所以，需要国家统一制定针对不同类型减排项目能够体现项目“额外性”的一系列核证方法学。非履约企业开发实施减排项目后，需要向国家申请签发实施的项目减排量，国家为其签发项目减排信用证书，然后项目减排信用可以进入市场参与交易。

由于项目减排量信用与政府分配的配额在形成机理不同，建议对项目减排信用参与市场交易的情况采用如下交易规则：①国家为其签发项目减排信用证书的同时应该相应扣减项目所在地政府部门的配额，实施减排项目的非履约企业向国家申请签发项目减排信用证书时应该得到项目所在地政府部门的批准。②政府分配的配额和项目减排信用在履约时等价，即对于履约主体而言，其履约时向上级政府无论提交1吨CO_2排放量的政府分配配额还是1吨CO_2减排量的项目减排信用，履约功能上是相同的，而此时项目减排信用的功能是帮助履约主体抵消部分履约责任目标。③政府分配的配额和项目减排信用具有不同的标识，对于某个市场主体其账户中持有的两种配额是分开记录的。④持有项目减排信用的市场参与主体可以和包括政府在内的任何市场主体开展交易，但是政府分配的配额在不同主体之间交易要受到前文所述的规制。⑤由于项目减排信用“额外性”在某些情况下无法完全得到保障，同时为鼓励履约主体自身采取更多减排措施，建议为履约主体设定使用项目减排信用抵消其履约目标的比例上限，例如 10% 以内。所以，实际交易过程中项目减排信用的经济价值比政府分配的配额低。

（3）跨区交易规则

①各类市场参与主体可以按照上述交易规则开展跨省、跨市的交易活动。

②如果我国届时已经承担了联合国设定的总量控制目标，在我国碳交易市场尚未与国际碳交易市场接轨的情况下，应该规定我国政府的配额和项目减排信用仅限于在境内使用，不能卖到境外。

③如果我国的碳排放总量控制目标为自主提出的目标，在我国碳交易市场尚未与国际碳交易市场接轨的情况下，如果向境外出售项目减排信用对我国利益未产生负面影响，则可以允许向境外出售我国项目减排信用。

（4）存储与预借规则

①不能预借。履约主体不能通过预借未来的配额来实现履约或者参与交易，履约时提交的配额只能来自于当前的市场。即“履约主体不能通过透支未来的发展空间来实现当前的发展”。

②可以存储。各类市场参与主体都可以存储配额，转到下一个考核周期和下一个履约期使用。为避免存储配额过量导致的过度“囤积和惜售”，建议到下一个履约期时，对原来存储的配额做打折处理。即“在适当购买未来预期发展空间的同时，要尽可能充分利用好当前的发展空间”。

（5）交易价格形成机制和政府调控机制

交易原则上由市场发现价格。政府可设定底价。政府部门必要时可将预留配额用于市场调控，平抑市场价格大幅波动。

4. 保障措施

（1）监测报告核查机制

①国家层面尽快出台一系列统一的技术标准，包括重点排放企业的碳排放统计核算方法、省级和地级市政府碳排放清单编制方法（修订版）、重点排放企业碳排放报告制度、重点行业的基准线排放标准、全国统一的不同类型项目减排量的核证方法学等。

②国家层面尽快出台第三方核查核证机构的资质认定及管理办法。

③开展一系列的宣传培训活动，提高基础能力，加强队伍建设。

（2）配额登记记录机制

①建立合理数量和规模的碳交易平台。

②建立全国统一的碳交易市场电子登记簿。

（3）外围保障体系

法律体系方面：尽快出台支撑碳交易制度建设的国家层面的法律，明确各方的责、权、利，并明确对违约情况将采取的惩罚措施。同时，尽快出台一系列碳交易制度建设的配套。

监管体系方面：建立全国碳交易监管机构，负责协调我国的碳交易市场的监督管理，并出台规范第三方机构、交易平台、投机主体等方面的规章，规范第三方机构、交易平台、投机主体等方面参与市场交易的行为。

与其他政策协调衔接体系方面：建立与现有物价政策、金融政策、节能减排和可再生能源发展等相关政策的协调机制。

5. 制度设计中国情特色的考虑

（1）多层次的责任目标分解和考核机制

责任目标分解和考核制度是创建碳交易市场的前提，并且都需要由政府部门主导实施。在市场经济国家，由于政府行政执行力相对较弱，责任目标分解和考核机制是其碳交易制度建设的一个难点。联合国作为领导全球事务的核心组织，但对成员国的约束力较弱，在全球气候变化压力日益增强的背景下，尽管联合国在努力推动通过全球气候变化谈判给各成员国设定控排目标，但是真正履约的国家只占少数。在欧盟的碳排放交易体系中，欧盟大部分各成员国也未把国家的履约目标层层分解到下级政府，从而增加了国家实现履约目标的难度。我国幅员辽阔，人口众多，碳排放量已经超过全球的20%，所以，我国的碳交易制度建设需要建立多层次的责任目标分解和考核机制，由各级政府和各种市场主体共同努力推动目标的实现。

我国长期以来就对包括节能减排等约束性指标实施层层分解和责任目标考核，已经形成一套比较成熟的责任目标分解和考核机制，为我国的碳交易制度奠定了较好基础。结合我国业已形成的责任目标分解考核机制，同时考虑能力基础和操作效果，本书建议建立一个覆盖范围从中央到省再到地级市范围的包括三层政府层级的全国碳交易市场，即由三级政府部门共同承担我国的减排责任目标。其中，中央政府处于我国碳交易制度体系的顶层，地级市政府处于最底层。而省级政府和地级市政府一方面要负责把本级政府的履约目标向下分解，同时还需要向上级政府履约。地级市政府承担了更大的责任，其履约目标仅可以分解到所辖的重点排放企业，其余的履约目标则需要自己承担。所以，在我国的碳交易体系中，地级市政府扮演着类似于欧盟成员国在欧盟碳交易体系中的角色。

在本书提出的责任目标分解和考核机制方案中，接受某级政府分解履约责任目标的主体之间处于平行关系，有利于分配和考核时公平分配。例如，对于中央政府来说，其配额将分配给中央直属国有企业、履约期内中央拟安排给地方的重大项目所需的配额和省级政府，三者对于中央政府具有同样的重要性，需要公平对待。

此外，关于考核工作的组织实施，西方国家多是由第三方机构或者独立审评专家来评价考核履约对象的实际履约情况。考虑到我国当前阶段市场诚信度的实际情况，本书提出的思路是：对于履约企业的实际碳排放数据，考核主体认可第三方核查机构核查的结果；对于履约政府部门的实际碳排放数据，考核主体将组建由碳交易主管部门、统计部门等有关部门和专家组成的考核组，对履约政府部门提交的排放清单报告进行严格的核查评估。

（2）国有企业的处理方式

国有企业地位的特殊性是我国的实际国情，也是我国深化社会主义经济体制改革的一个重点领域。我国国有企业的能耗占全国总能耗的很大比例，目前其能耗和碳排放是计算在企业所在地的政府，但其行政管理权往往是不归企业所在地政府。针对该问题，本书基于“谁的孩子谁管”的思路，提出“中央直属国有企业的配额分配和履约考核由中央政府负责，省属国有企业的配额分配和履约考核由省级政府负责”的处理原则，从而有助于理顺各种关系，形成各方合力，推动实现我国的控排目标。

（3）经济增量的处理方式

大部分发达国家已经进入经济增速较慢、能源消耗及碳排放增速较低甚至负增长的阶段，所以其碳交易制度中重点考虑的是存量的技术减排，主要的履约对象是重点行业的重点碳排放企业。而我国当前仍处于经济快速增长的发展阶段，经济增量的质量和效益对实现我国的控排目标发挥着举足轻重的作用，并且我国的经济发展速度和发展方式很大程度上是政府在发挥主导作用。所以，本书提出的覆盖三个层级政府部门的碳交易制度方案，力图通过三个层级政府部门从不同层面共同对我国未来经济增量的质量和效益进行把关。

同时，我国政府经常基于整体战略考虑给下级政府部门安排重大项目，这些重大项目一方面是未来经济增量的重要组成部分，另一方面也存在着同时会给地方带来资源环境负担等问题。正对这一情况，本书提出上级政府给地方安排重大项目时，应该把该项目的碳排放配额同时分配给项目所属企业，并且需要对这些项目通过“能评或者碳评”从节能低碳角度进行严格把关。

此外，本书提出在履约期内地级市政府所管辖范围内的增量项目的分配原则和具体方法由地级市政府根据当地整体利益自行裁量决定。因为在地级市政府拥有的可用于未来经济社会发展的配额数量一定的情况下，如果未从节能低碳角度对增量项目的质量效益进行严格把关，则相当于牺牲了其他经济增长点的发展空间。所以，这种制度设计有助于促进地级市政府在“地方未来经济社会增量发展空间”和“企业承受能力”之间做全面的权衡。

（4）地域发展不平衡的处理方式

地域发展不平衡，是制约我国经济社会可持续发展的一个重要因素。同时，实施主体功能区战略也是具有中国特色的促进城乡区域协调发展的重大战略举措。为解决地域发展的不平衡问题和重要生态保护功能区的经济发展问题，我国已经积极采取了财政转移支付、生态补偿等措施。而欧盟在实现 2013 ~ 2020 年总量控制目标的成员国目标分解方案中，为妥善处理各成员国的经济发展不平衡问题，其采取的配额分配原则主要是“按照人均 GDP”进行分配。借鉴国际经验，结合我国国情，本书提出的给下级政府部门的配额分配原则是：以“人均 GDP 和主体功能定位”为核心出发点，综合考虑能耗强度及碳强度在全国的水平以及资源禀赋等情况，促进对生态保护区及贫困地区的“生态补偿和转移支付”，推动不同区域之间的平衡、协调和可持续发展。

(5) 发电企业的处理方式

其核心问题是将电厂发电的碳排放计算在供应端还是消费端。如果采用直接排放的核算方法，即发电的碳排放都计算在供应端（发电厂），而消费端用电量的碳排放则为0。按照这种方法则需要给发电厂分配配额，而给消费端履约企业分配配额时，其终端用电量按照零排放处理，不利于推动消费端挖掘节电潜力。如果采用间接排放的核算方法，即电厂发电的碳排放都计算在消费端，则应该避免发电碳排放重复计算问题。所以需要找到一种妥善的处理方式，既能充分挖掘消费端的节电潜力，又能促进发电企业提高发电效率和优化电源结构。该问题如何处理，目前我国业内尚未形成统一的意见。而这也对将我国碳交易制度设计，包括终端企业用电量的碳排放核算方法以及对发电企业的处理方式，产生重要影响。

目前发达国家的普遍做法是从供应端进行计算，即采用直接排放核算方法，把电厂发电的碳排放都计算在发电厂，并把发电厂直接纳入到碳交易市场体系。由于这些国家电力企业都是市场化运作，电价由市场形成，发电厂可以通过提高电价获得额外收益，一方面可弥补其碳排放配额的压力，另一方面可弥补其售电量降低带来的损失，与此同时由于电价提高也可促进消费端节电的驱动力。此外，一些国家为了强化消费端节电，强制性给众多市场化的电网公司下达节能责任目标，让这些电网公司购买各类终端用电主体（特别针对商业和居民生活用电领域）采取节电措施形成的“白色证书”（一种节能量证书）帮助其完成任务，并且允许电网公司之间进行交易。而允许通过提高电价获得额外收益，一方面弥补电网公司的节能任务压力，另一方面弥补其售电量降低带来的损失。

就我国的情况而言，当前尚未出台浮动电价政策，电价仍然主要由政府监管，而电力市场化改革的发展道路还比较漫长。同时，我国终端电力需求仍然在快速增长，是支撑经济社会发展的重要终端能源。如果采用直接排放的核算方法，则需要把发电企业纳入我国碳交易体系，给发电企业分配配额，并把电厂发电的碳排放都计算在发电厂，而给消费端履约企业分配配额时，其终端用电量按照零排放处理。这种核算方法导致的问题是：①发电企业必须要完成碳排放总量控制任务的同时，一方面不能通过提高电价弥补减排压力，另一方面还要满足快速增长的终端电力需求，将处于“两头堵，没有出路”的境地。②我国的节电潜力主要在消费端，而发电厂的节电潜力相对较小，这种方法仅抓发电厂节电，不利于推动消费端挖掘更大的节电潜力。此外，由于我国仅有两个垄断性比较强的大型电网公司，并且电网公司不能提高电价，所以采取“白色证书”机制拉动终端节电的做法也面临着很大挑战。

所以，本书建议，在我国的电力市场化改革任务未完成之前：①采用间接排放的核算方法，即给消费端履约企业分配配额时，电厂发电的碳排放都计算在终端电力消费用户，从而有利于鼓励其充分挖掘自身的节电潜力。②建议不给发电企业分配配额，即不把发电企业作为我国的碳交易市场体系的履约主体，而是直接抓电力集团，给各电力集团提出整体要求，推动其提高发电效率和优化电源结构。这种“抓电力集团，而不是抓发电厂”的思路给电力集团提供了一定灵活性，有利于其进行集团内部利益的协调。

抓电力集团的具体思路建议有如下三个。

一是通过制定单位发电量碳排放基准线的方法来控制各电力集团的碳排放水平，并强制各电力集团的单位发电量碳排放水平必须符合要求，否则将采取惩罚措施（如不允许其新建火电厂等）。

二是为完成政府提出的单位发电量碳排放基准线要求，发电集团可以根据自身管辖的各下属发电企业的效率水平、电源结构以及发电量需求，基于集团整体利益任意选择如下方式完成任务：①挖掘既有发电厂的节能潜力，新上高效机组，从而通过提高发电效率和技术水平降低集团的总体单位发电量碳排放水平。②优化电源结构，提高非化石能源发电和天然气发电占总发电量的比例，降低集团的总体单位发电量碳排放水平。③作为非履约企业，如果其开发的项目符合“额外性”要求，可以向国家申请签发项目减排量信用配额证书，并允许其作为项目减排量信用配额参与我国的碳交易活动获得收益，但是需要从集团扣减相应的碳排放指标（即在评价集团是否达到单位发电量碳排放基准线要求时，还要把与卖出去的减排量相当的碳排放量算在集团头上），所以电力集团需要从整体利益权衡考量。

三是对电力集团单位发电量的碳排放基准线水平应提出比较严格的要求，一方面有利于鼓励其挖掘节能潜力，提高发电效率；另一方面有利于鼓励其提高清洁能源发电的比例，促进我国清洁能源的发展。

6. 难点问题

（1）公平合理的利益分配问题

碳交易涉及多方主体，利益关系错综复杂，公平合理分配难。尽管本文力求结合中国国情，在制度设计中尽可能体现了“公平、合理、可持续”的原则、“责任主体可控”原则，避免不公平问题等设计思想，但是有效落实才是关键。例如，本书提出以“人均 GDP 和主体功能定位”为核心出发点的地方政府配额分配原则，促进对生态保护区及贫困地区的“生态补偿和转移支付”，这必将触及众多发达省市的利益。

同时，由于我国经济社会仍然处于快速发展阶段，并且区域发展不平衡，在给下级政府分配配额时针对不同区域需要分别按照多高的经济增速来考虑，是制度设计的一个难点问题。例如，对于国有企业，本书基于“责任主体可控”原则提出了解决思路，但仍然面临国有企业与民营企业公平竞争的固有体制问题，政府在为国有企业和民营企业分配配额时需要做到“一视同仁”。再如，对于非履约企业实施减排项目获得减排信用参与市场交易的做法，在西方国家也存在着争议，其本质的问题是“如何保障减排量的额外性”，在国家制定的项目减排量计算方法学和项目减排信用参与市场交易的规则时，应该权衡处理开发项目的非履约企业、项目所在地政府以及作为买方的履约企业之间的利益关系，力争做到鼓励非履约企业实施具有额外性的减排项目的同时，作为潜在买方的履约企业能够优先考虑通过自身采取减排措施来履约，并且不给项目所在地政府带来额外的履约负担。

（2）立法问题

碳交易制度需要以法律为基本保障，通过制定法律规定碳交易市场内各方的责、权、利，也是对未履约情况提出具有约束力的惩罚措施的根本依据。尽管短期来看，可以由国务院或国家主管部门以发文的形式，或地方出台行政规章的形式暂时解决解决这些问题。但是，长期来看，立法是碳交易制度建设必不可少的环节，而我国立法程序复杂而漫长，并且当前对碳交易的认识还普遍不足，这将给我国碳交易制度建设带来很大挑战。

（3）外围保障问题

碳交易制度建设一项复杂庞大的系统工程，其建设进度和功能实现很大程度上取决于外围保障条件能否顺利具备，与我国的社会主义市场经济体制改革进程密切相关。例如，开展碳交易将使碳排放外部成本内部化，理论上将提高企业生产成本，并将进一步传导到其产品的价格，因此需要与物价政策进行协调，而碳交易制度建设对我国经济社会可能产生的深远影响也有待于进一步深入研究。再如，我国“社会诚信体系”还很不完善，对碳交易制度的顺畅运行形成很大挑战。此外，国家同时设立的节能、可再生能源与低碳目标之间存在密切联系，多部门管理和多种行业政策加大了相应工作的协调难度。

（4）未来发展环境的不确定性问题

未来20年，全球的经济格局、产业格局、地缘政治格局将发生重大变化，联合国气候变化国际谈判也存在着不确定性，而我国的经济社会发展以及政治和经济体制改革也存在着诸多不确定性。我国碳交易制度建设的具体发展进程将取决于这些复杂因素在未来的变化趋势。

正是因为存在着这些问题和不确定性，故当务之急是利用地方试点，积极探索建立我国的碳交易制度。

第6章

积极推进试点碳交易制度建设

建立我国碳交易制度是一项全新的尝试，需要由各地方试点在服务全国碳交易制度构建的大局下积极探索、广泛尝试，为全国碳交易制度设计建设和操作执行积累经验。本章介绍了我国碳交易试点的总体进展和制度设计思路，对当前试点制度设计中存在的主要问题进行总结分析，最后提出推进完善试点碳交易制度建设的相关建议。

一、试点建设工作进展

1. 工作任务

2011 年，我国开始在北京、天津、上海、重庆、广东、湖北、深圳等 7 个省市推动开展碳排放权交易试点工作，迈出了我国碳交易制度建设试点探索的第一步。从试点通知要求看，试点的主要任务包括：建立专职工作队伍，安排试点工作专项资金，组织编制碳排放权交易试点实施方案，明确总体思路、工作目标、主要任务、保障措施及进度安排。研究制定碳排放权交易试点管理办法，明确试点的基本规则，测算并确定本地区温室气体排放总量控制目标，研究制定温室气体排放指标分配方案，建立本地区碳排放权交易监管体系和登记注册系统，培育和建设交易平台，做好碳排放权交易试点支撑体系建设等，保障试点工作的顺利进行。

而从服务全国碳交易市场建设，针对我国建立碳交易制度面临的各项重点难点问题“先行先试”的角度来看，试点需要在以下方面取得突破：①尝试建立以碳排放配额为主、具备初步功能的区域性碳交易市场，利用市场机制以较低成本完成试点省市既定的节能减碳目标。②通过“干中学”，尝试不同碳交易制度模式在我国将会遇到的主要问题及符合我国国情的解决思路。③提高试点省市的能力建设。

在此阶段，主要是发挥地方的能动性，由试点省市结合当地实际制定规则并具体实施，为构建全国碳交易市场探索实践经验，也为构建全国碳交易市场争取时间做更充分的准备。中央政府则侧重于发挥宏观指导作用，并研究制定全国统一的技术标准规范。

2. 总体进展①

一年来，各试点地区政府高度重视试点工作，形成了由主要领导牵头的试点工作领导小组，普遍采用分头并进的方式开展了大量工作，取得了积极进展，迈出了我国碳交易制度建设试点探索的第一步。目前，各试点现有工作主要包括：

（1）制定实施方案，部署工作安排

各试点均按照《通知》要求制定试点工作实施方案，明确试点总体思路、工作目标、主要任务、保障措施及进度安排。

从各试点实施方案看，试点工作时间进度大致分为三个阶段：①

① 本文成稿时间为2012年11月。2013年底深圳、上海、北京、广东和天津等5个碳交易试点先后启动了碳交易，湖北和重庆将在2014年启动。

2011～2012年为市场准备阶段，主要任务是编制试点实施方案、开展相关基础能力和支撑体系建设、制定碳市场总量控制目标和开展碳排放配额分配等；②2013～2015年为试点阶段，各试点地区将在2013年后正式开展交易；③2015年为评估总结阶段，将对2011年以来开展碳交易的经验进行总结，并为“十三五”时期碳交易试点的连接奠定基础。

按照工作实施方案的要求，各试点围绕碳交易实施范围、配额总量、分配方法、交易规则、排放监测报告核查、市场监管、配套支持政策等方面开展了大量研究，形成了试点碳交易制度设计的基本方案。

（2）开展能力建设，提高基础支撑能力

针对试点基础能力薄弱的现实情况，各试点开展了大量能力建设工作。

一是充实数据基础。①针对本地区温室气体排放数据缺失的问题，各试点在分析本地区经济社会发展状况、经济结构和产业发展特点、能源消费结构的基础上，编制了本区域内的温室气体排放清单，并对2020年前的温室气体排放量进行预测。②针对重点企业排放数据缺失的问题，各试点对本地区内的重点排放企业开展了大量的实地调研和问卷调研。例如，上海市与10多个行业近200家企业进行了面对面座谈交流，摸清了企业的现有能源消耗水平和碳排放水平，同时也了解了企业对碳交易的认识以及对加入碳交易市场的意愿。

二是制定核算方法。①针对绝大部分企业不清楚自己的温室气体排放量并且国家尚未出台企业温室气体排放量计算方法的现状，各试点均启动了重点行业的企业温室气体核算方法的研究。②针对第三方机构核证方法缺失的问题，各试点同时启动了第三方机构温室气体排放核证方法学的研究。例如上海市已经发布了《上海市温室气体排放核算与报告指南（试行）》以及钢铁、电力、建材、有色、纺织造纸、航空、大型建筑（宾馆、商业和金融）和运输站点等9个行业的温室气体排放核算方法，而其他试点大多处于核算方法研究阶段。

三是建立完善碳交易基础设施。各试点统筹能源利用状况报告制度、能耗在线监测平台、自愿减排交易平台等现有基础设施，开始搭建温室气体排放量报送平台、登记簿软硬件系统、电子交易平台软硬件系统等新的平台，形成一整套支撑碳交易运行的基础信息系统。

四是加强宣传培训。针对目前社会各界对碳交易缺乏认识的问题，各试点开展了大量的宣传培训工作。例如北京市成立了碳交易企业、中介咨询及核证机构、绿色金融机构等三个联盟，在充分发挥联盟作为政府和利益相关方的桥梁纽带作用的同时，也对联盟中的企业进行了大量的宣传培训。目前上述联盟的会员已由最初的数十家增至数百家。

（3）开展碳交易立法调研，制定管理办法和相关实施细则

碳交易试点管理办法是保障碳交易顺利运行的关键。为使管理办法拥有更高的法律效力，各试点广泛开展了相关工作。例如，北京市走访了市人大法制办、市人大财经网、市政府法制办等多家单位，向上述部门就碳交易立法进行了详细的解释。天津、上海等地区也和市人大部门进行了积极沟通，明确了立法的时间和进度安排。但是，由于碳交易立法缺乏国家上位法支撑，同时缺少相关实践经验，各试点的碳交易立法面临困难较大，进程普遍较慢。

在开展碳交易立法调研的同时，各试点政府起草了碳交易试点管理办法，对碳交易的主要制度要素，如碳排放报告机制、碳排放总量控制和配额分配机制、MRV 机制、交易机制、激励与约束机制、监管和处罚机制做出了原则性的规定。

此外，大部分试点还围绕配额分配、履约考核、交易规则、MRV 机制、登记簿机制等制度要素初步研究制定了技术性支撑细则和指南。例如北京启动了第三方核查机构管理细则、核查规范、登记注册系统管理办法、配额拍卖办法、公开市场操作办法、场内交易办法、市场监管细则等多项配套政策研究制定工作，全面支撑碳交易操作实施。

总体来看，经过一年多的工作，在中央和试点地方的共同努力下，试点的工作取得了积极进展。

二、试点制度设计思路和存在的问题

1. 试点碳交易核心制度的设计思路

7个试点省市碳交易制度安排的基本思路是：选择部分行业企业设置总量目标（配额），允许相互交易配额，并可购买一定比例由国家签发的项目减排量（CCER）用于履约；履约企业每年须核算碳排放数量，并保证考核时提交等量的配额，否则予以处罚。其具体设计思路以下详述。

（1）总量控制和分配制度

从总量控制的范围看，温室气体界定为化石能源消费导致的二氧化碳排放（包括直接和间接）以及部分工业行业（钢铁、水泥等）的过程排放；履约主体主要考虑了重点排放企业，覆盖的行业主要包括电力、钢铁、水泥等高排放工业部门，部分试点引入了建筑部门；企业强制纳入排放交易体系的门槛结合年综合能耗确定，不同试点地区有所差别，一般年二氧化碳排放纳入门槛设定在1~2万吨之间，对应年综合能耗在5000~10000吨标准煤之间。

表 12　　　　　　　　各试点总量控制范围

试点城市	纳入行业	纳入标准	占总排放比重
深圳	工业（电力、水务、制造业等）和建筑	工业：5000 吨以上；公共建筑：20000 平；机关建筑：10000 平	40%
上海	工业（电力、钢铁、石化、化工等）和非工业（机场、港口、商场、宾馆等）	工业：2 万吨；非工业：1 万吨	57%
北京	电力、热力、水泥、石化等工业和服务业	1 万吨以上	49%
广东	电力、水泥、钢铁、石化	2 万吨以上	54%
天津	电力、热力、钢铁、化工、石化、油气开采	2 万吨以上	60%
湖北	电力、钢铁、化工、水泥、汽车制造、有色金属、玻璃、造纸等重工业行业	年综合能耗 6 万吨标煤以上	35%
重庆	电力、电解铝、铁合金、电石、烧碱、水泥、钢铁	2 万吨以上	40%

从总量目标设置来看，在上述温室气体排放、行业、企业等范围确定后，试点地区结合能源消费总量目标、碳强度减排目标、GDP 增速等因素制定 2013 ~2015 年试点强制交易企业的碳排放总量目标。在考虑了各企业的历史排放外，一般都给予了一定量的增长空间。

从分配方法来看，现有试点基本考虑采用基于历史排放量数据的免费分配方法对企业进行分配，部分试点考虑对电力等个别行业采用排放基准线法进行免费分配；试点主要针对本区域内的碳排放量存量设计了配额分配方案。部分试点提出对碳排放增量进行控制，但是没有明确具体的操作方法。

表13 主要试点总量目标确定和分配方法

试点城市	总量目标确定	分配方法
深圳	根据全市目标排放总量、产业发展政策、行业发展阶段和减排潜力、控排单位历史排放情况和早期减排效果等因素综合确定配额总量	90%以上免费分配，有偿分配包括固定价格认购和拍卖，拍卖数量不能超过配额总量的3%。其中，电力、水务企业配额分配采用基准线法，制造业企业配额基于行业基准和竞争博弈确定，建筑物配额按照分类建筑物能耗限额标准或者碳排放限额标准确定
上海	根据国家控制温室气体排放的约束性指标，结合本市经济增长目标和合理控制能源消费总量目标予以确定	免费发放。其中，工业（除电力行业外）以及商场、宾馆、商务办公建筑等，采用历史排放法；电力、航空、港口、机场行业，采用基准线法
北京	市人民政府根据本市国民经济和社会发展计划，科学设立年度碳排放总量控制目标，严格碳排放管理，确保控制目标的实现和碳排放强度逐年下降	免费发放。其中电力、热力的既有设施基于历史碳强度（2009~2012）确定配额；其它行业基于历史排放量（2009~2012）；新增设施基于行业碳排放强度先进值（即行业基准）确定配额
广东	根据广东省“十二五”控制温室气体排放总体目标、国家及省产业政策、行业发展规划，确定首批配额总量	有偿配额2013~2014年比例为3%，2015年为10%； 免费配额中，电力、水泥和钢铁行业主要使用基准线法分配配额；石化行业和另外三个行业主要采用历史法分配
天津	市发展改革委会同相关部门，根据碳排放总量控制目标，综合考虑历史排放、行业技术特点、减排潜力和未来发展规划等因素确定配额总量	—

（2）履约和考核制度

现有制度设计方案中，政府每年对强制交易企业进行考核，考核的方式是要求各企业在某一截止时间以前通过登记簿系统向政府提交不少于其经核证后的上年度实际排放量的配额。允许企业使用部分项目减排量代替配额，用于完成其履约任务。项目减排量主要来源于国家自愿减排项目，但是使用数量和项目所在地有限制。因此，考核标准实际上就是企业在考核周期内是否按照要求提交了与其实际排放数量相等的配额和项目减排量。

表14　主要试点项目减排量使用规定

试点城市	项目减排量使用规定
深圳	不高于控排单位年度排放量的10%；控排单位在本市碳排放量核查边界范围内产生的核证自愿减排量不得用于本市配额履约义务
上海	使用比例不得超过该年度通过分配取得的配额额度的5%；本市纳入配额管理的单位在其排放边界范围内的国家核证自愿减排量不得用于本市的配额清缴
北京	比例不超过当年排放配额数量的5%，至少50%的CCER须来源于北京辖区内的减排项目；来源于本市辖区内重点排放单位和参与碳排放权交易的非重点排放单位的固定设施化石燃料燃烧、工业生产过程和制造业协同废弃物处理以及电力消耗所产生的核证自愿减排量，不得用于抵消
广东	不得超过实际碳排放量的10%，其中来源于广东境内不得少于70%；控排企业在本省碳排放信息报告边界范围内开发的温室气体自愿减排项目所获的中国核证自愿减排量，不得用于抵消本省控排企业实际排放
天津	比例不得超过排放数量的10%
湖北	比例不得超过该企业年度碳排放配额的10%
重庆	比例不超过企业每个履约期分配配额总量的8%

为了保证企业按时完成考核目标，对不提交或者无法提交足够配额的企业进行惩罚。处罚方式目前考虑了罚款、行政处罚、取消部分优惠支持政策等，总体来看处罚力度相对较轻。

表15　主要试点对未履约企业的处罚措施

试点城市	处罚措施
深圳	未履约配额强制扣除，不足部分从下一年度扣除，并处以履约当月之前连续6个月配额平均价格3倍的罚款
上海	未履约配额强制扣除，并处5万～10万元的罚款
北京	责令限期补缴，逾期未履行的，按照市场均价的3～5倍予以处罚

续表

试点城市	处罚措施
湖北	按照当年年度碳排放配额市场均价，对差额部分处以1～3倍的罚款，最高不超过15万元，并在下一年度配额分配中予以双倍扣除
广东	对碳排放权配额不足部分按照碳排放权配额市场年平均价格的三倍处以罚款
天津	暂未公布

（3）交易制度

现有制度设计方案明确规定履约企业作为市场交易的主体，企业必须在交易所内开展交易，可以交易碳排放配额以及碳减排量，其中碳减排量一般来自于试点行政区内碳交易未覆盖部分的企业产生的项目减排量；大多试点考虑允许金融投机机构进入市场，以活跃市场交易；试点一般规定碳交易市场价格由碳排放配额供需关系确定，个别试点选择对碳排放配额价格设置下限；试点大多考虑建立碳市场调控机制，试点政府将及时通过出售或回购碳排放配额而实现对碳排放配额的供需关系进行调控（如北京、上海、广东等）；大部分试点提出允许企业对碳排放配额进行存储，但不允许预借。

（4）监测报告和核查机制

政府强制规定企业对其碳排放量进行年度报告，企业应按照试点政府各自单独制定的不同行业企业温室气体排放监测、报告和核查指南编制监测计划，报地方主管部门批准备案，并按批准后的计划进行监测，计算年度碳排放数量，编制碳排放报告。各碳排放报告需经第三方机构核查，最终由市场主管部门确定最终排放量。强制报告碳排放的企业门槛比强制交易企业低（一般年二氧化碳排放量为5000～10000吨），为市场范围进一步扩大奠定基础。

（5）配额登记记录机制

各试点的登记簿设计正在进行之中，从节省成本的角度，更多是结合交易所的交易平台进行设置，但主管机构仍是政府部门。由于登记簿更多只是承担一个配额和减排量登记的作用，而国家自愿减排登记簿即将建立，相关登记簿设计和建立等技术性问题解决难度不大。

（6）外围保障体系

各试点工作总体仍处在能力建设的初级阶段，在相应的市场环境、法律基础和相应政策的协调方面尚未完全开展。大多数试点已经注意到法律基础的重要性，正在积极推动地方相应立法实践。在政策协调衔接方面，涉及到不同政府部门的职能协调问题，目前尚未触动深层次的矛盾和问题。对于节能和减碳职能同属某一部门的试点地区，相应工作开展得较为顺利，并且已经开始考虑与既有相关政策的协调问题。

2. 试点制度设计中存在的主要问题

由于我国碳交易制度建设刚刚起步，目前各试点在制度设计方面存在着一些突出问题，还不能完全实现“先行先试”、为构建全国碳交易市场奠定良好基础的预期目标。具体问题包括以下几个方面。

（1）总量控制制度不完整

从各试点地方的实际情况看，各试点仅选择了部分企业作为履约主体，为其设置总量目标（配额），而没有实施全部管辖地域的碳排放总量控制。这一方面是由于地方都是初次探索开展碳交易，而且实际碳排放量的数据基础薄弱；另一方面是因为当前各地区承担的是基于碳排放强度的下降目标，转换为总量目标存在一定技术障碍，地方政府也普遍担心实施碳排放总量控制可能会限制当地经济的发展。

在这种情况下，试点省市主要探索的碳交易制度模式将主要集中在履约企业方面。由于未设置试点省市的总量控制目标，无法探索政府间“层层分解”的目标分配模式，也无法探索履约企业、非履约企业、政府、投机机构等各种主体之间不同的交易规则和交易模式。而且在利用项目减排量履约时，无法探索“等量扣减”等交易规则的实施效果。与此同时，也将在一定程度阻碍碳交易与地方政府碳强度下降目标之间的衔接互动关系。

但是，从构建全国碳交易制度来看，未来我国将需推动形成在总量控制基础上的碳交易市场，这些未探索的分配模式、交易模式、交易规则等将成为全国碳交易市场中的重要组成，目前试点的做法还不能完全实现试点“先行先试”的预期目标，需要在下一阶段继续完善。

（2）配额分配制度有待完善

由于企业碳排放数据基础比较薄弱，缺乏重点行业的碳排放基准线，因此当前试点过于依赖“历史数据法（Grandfather）”，仅在电力等少数行业根据能耗限额，在一定程度上考虑了“基准线法（benchmark）”，容易产生“鞭打快牛”的不公平分配结果。

同时，出于减小分配阻力的考虑，一些试点存在着给履约企业过量分配配额的倾向。由于国家已经给试点省市下达的碳排放强度下降约束性目标，这种分配方式相当于牺牲了政府自身能够用来进一步发展地方经济、提高居民生活水平的排放空间；此外，容易导致履约企业减排动力不足、以及由于配额过量引起的交易价格很低等问题，不利于实现碳交易的政策目标。而对这些问题，大部分试点省市尚缺乏足够认识。

此外，与发达国家相比，我国需要更加重视对增量排放进行控制。当前大部分试点更多强调针对履约企业的存量排放分配配额，而对未来重大项目引起的碳排放增量尚缺乏具体有效的处理方法。

（3）MRV 技术标准不统一

从试点层面看，各试点把编制 MRV 方法学作为重要工作内容，但各个试点相关工作并不统一。由于各个试点自行组织试点方案编制，而且各个试点内的碳排放分布、行业和企业结构各异，因此各试点内编制的碳交易方案中的碳交易市场覆盖的行业和碳排放范围有所区别，特别是在行业方面，尽管大部分都以高耗能、高排放行业为主，但是在不同试点表现在不同行业，所以试点为推动工作，分别组织编制了对应行业企业的碳排放的 MRV 技术准则。这些试点在编制对应的 MRV 准则时，尽管国家主管部门也在对试点工作进行指导，但由于各试点更多站在自己的角度出发，即使是同样的行业，MRV 技术准则也有所区别，这样不利于未来各试点碳交易市场之间的链接。

从国家层面看，虽然目前正在抓紧研究制定重点行业的碳排放核算方法，但下一步如何与试点相关工作衔接尚不明确。国家正在针对电力、钢铁、水泥、平板玻璃等六大高耗能行业部门编制统一的企业碳排放核算方法学[①]。从全国碳交易市场角度建立和发展来看，这些国家出台的方法学适合作为全国碳交易市场的 MRV 技术标准的部分基础，而且可以对各交易试点相应工作提供参考，从而避免重复投入和重复工作。但目前两部分工作都在推动，甚至试点的 MRV 技术标准可能更早投入使用。因此，下一步需要加强统筹协调国家层面和试点层面的 MRV 技术标准。

（4）推动立法困难重重

缺乏法律依据是当前试点工作开展面临的关键问题。一是由于缺乏上位法支持，试点行政规章对企业的处罚力度不足以约束企业超额排放；二是立法过程复杂、成本高、进展慢，不利于在短期内实现对碳排放企业进行法律约束[②]；三是目前采用的激励约束机制与市场公平竞争的原则相违背，不是长久之计。

由于国家层面没有出台上位法，而在地方新出台法律文件需要 1 ~ 2

① 相关方法学国家发改委 2013 年 11 月已经颁布。

② 深圳由于其经济特区的政策实现了“立法先行”，其他部分试点 2013 年底通过地方人大决议的方式，实现了对碳交易的临时法律认可，如北京。

年、甚至更长的时间。所以，试点一般是通过人大决议或者政府令等形式来推动工作，相应存在约束性不够、惩罚力度小等问题，对碳交易制度建设形成较大制约。

(5) 尚未与其他政策很好协调

由于体制机制尚有待完善，各试点省市在推动试点制度建设过程中，还普遍存在着与其他政策协调的问题。一是部门协调问题，试点省市碳交易工作与节能、能源、统计等主管部门之间协调工作量大，难度高；二是在当前行政管理体制下，地方政府与国有企业的协调工作面临困难；三是碳交易制度构建和实施需要协调大量节能、可再生能源政策，面临较大困难。

例如，当前试点省市选择的履约企业基本上都属于国家公布的“万家企业节能低碳行动方案”中确定的企业，而这些企业本身还承担着节能考核指标。这种情况下，企业的碳减排是其节能措施的协同效果。而碳交易的实施与企业节能指标完成情况能否合理协调，将对碳交易市场的流动性带来很大影响。

此外，市场各方对碳交易的认识不一致，总体基础能力薄弱，国家未来开展碳交易的政策路径不清晰，对于试点工作良好顺利开展也构成制约，并导致了在试点碳交易制度设计中对与其他试点联接、碳金融发展等方面缺乏足够的考虑，不利于在相应环节为建立全国碳交易制度积累实践经验。

三、推进试点建设的建议

面对国内经济转型发展的迫切要求和与日俱增的减排国际压力，我国可能在 2020 年左右需要实施碳排放总量控制，届时需要建立功能相对完善的全国碳交易市场支撑实现总量控制目标。时不我待，在未来为时不多的几年准备期内，建议各方面进一步提高对碳交易制度的科学认识和重视程度，共同努力，将试点工作推向一个新阶段，为建立功能完善、符合我国国情的全国碳交易市场奠定良好基础。

1. 试点地区加快完善制度建设，健全交易市场功能

一是进一步提高认识。当前，许多地方政府和企业对碳交易的缺乏科学认识，认为碳交易将限制其发展，严重影响了碳交易制度建设建设进程。其实当前地方政府和企业本来就有节能减碳的约束性目标，而通过开展碳交易，一方面可以帮助其降低实现目标的成本，即在既定约束目标下可以帮助其实现更大的经济效益，另一方面可以给仅通过自身减排履约存在困难的企业（或政府）提供完成目标的“出口”，增强各类主体完成目标的灵活性。所以，建议加大对碳交易核心政策目标的宣传力度，提高地方政府和企业对碳交易的科学认识和参与碳交易的积极性。各试点地区，特别是试点工作落后的地区需要继续加强碳交易试点工作力度，地区领导继续保持对碳交易试点工作的重视，将既定试点工作目标抓好落实。

二是逐步完善配额分配制度。①在条件具备的重点排放行业，结合能耗限额标准，进一步推广使用行业基准线方法分配配额。②政府给履约企业进行配额分配时，需要在“地方未来经济社会增量发展空间”和“履约企业承受能力”方面做全面的权衡考虑，平衡好“圈里圈外”的利益分配关系。

三是逐步完善总量控制制度和相关交易规则。①建议试点省市在下一阶段率先制定系统全面的碳排放总量控制制度，探索逐层分解到下级政府部门和相关履约企业的模式。②探索履约企业、非履约企业、政府、投机机构等各种主体之间不同的交易规则和交易模式。③结合节能评审

制度，将增量排放控制融入碳交易制度建设，条件具备的试点地区探索建立碳排放评审制度。④调整项目减排量交易规则，实施项目减排量签发“同步扣减”等量配额，保证总量目标的环境完整性。

四是积极探索试点连接和发展碳金融。①研究制定试点之间开展市场联接的方案，积极推动形成区域碳交易市场。②围绕碳金融、碳期货开展前期研究，探索金融制度创新。

2. 国家层面强化统一技术标准，做好顶层制度设计

一是尽快研究出台全国统一的企业碳排放核算方法学。以电力、钢铁、水泥、建材等重点碳排放行业为起点，组织专家力量编制企业层面的碳排放核算方法学，明确碳排放的计算规则、基础数据要求等内容。同时，加强地方政府层面和企业层面碳排放监测、报告、核查方面的能力建设。

二是尽快启动研究全国统一的重点行业碳排放基准线。组织开展针对主要排放行业内企业的建设水平的摸底调研工作，研究制定相应行业碳排放基准线，为重点行业企业减排提供引导性目标，为试点地区更为公平合理的分配提供指导，也为未来国家层面统一协调行业间、行业内的配额分配打好基础。

三是做好全国碳交易顶层制度研究设计。根据我国国情，研究建立全国碳交易市场的战略目标和实施步骤，做好总量控制和配额分配制度、履约考核制度和市场交易制度等碳交易核心制度的顶层设计，为碳交易试点开展和全国碳交易市场建设指明未来的战略方向，稳步推进全国碳交易制度的建设。

3. 中央、地方协同推进碳交易立法和部门协调

一是试点地区政府进一步解放思想，在碳交易立法和政策协调方面

先行先试，为碳交易制度的实施、市场顺利发展、功能完善发挥，奠定更为坚实的基础。在当前时间紧迫的情况下，可以申请人大出台关于加速推进碳交易的相关决议，为地方碳交易立法提供必要的依据。同时，全国人大可以在决议中适当扩大地方人大立法的权限，允许地方人大立法加大对碳交易违法行为的处罚力度。此外，国家发改委还可以申请国务院发文，适当提高试点地区的自主决定权，打破当前的政策、法规限制，鼓励试点地区先行先试。地方法制部门积极配合，推动地方碳交易立法进程。地方碳交易主管部门应积极和地方法制部门进行沟通，对碳交易的立法背景和立法依据进行详细解释和说明。同时，地方法制部门应在地方领导的协调下，高度重视碳交易立法工作，积极配合碳交易主管部门的相关工作，共同推进碳交易立法进程。在时间紧迫的情况下，地方人大也可考虑以人大决议的形式对碳交易提出有关决议，方便碳交易主管部门开展工作。在时间非常紧迫的情况下，地方也可考虑已地方政府规章的形式为碳交易提供部分政策支持。

二是国家积极推动碳交易制度国家层面立法工作。协调各相关部门，推动人大制定碳排放交易专门法律，或出台应对气候变化法，或先出台有较强约束力的国务院文件，为未来全国碳交易市场构建铺垫法律基础。在碳交易立法中需要明确碳排放权的法律归属，规定碳交易各利益相关机构的权利与义务，对碳交易的总量设定和配额分配制度、履约和考核制度、交易制度等三个核心制度以及监测报告与核证（MRV）机制、配额登记记录机制等两个支撑机制在法律中做出原则性规定，同时强化碳交易市场监管机制，加大对企业超额排放的处罚力度。

三是加强政府部门之间和相关政策之间的协调衔接。加强与节能和能源主管部门的沟通，妥善协调低碳目标与节能和非化石能源目标之间的关系。同时，做好碳交易和节能补贴、可再生能源电价补贴等补贴政策、减免税政策、节能以奖代补政策等已经出台的政策的之间的协调。

加强与统计、国资委、证监会等与开展碳交易密切相关的部门的沟通协调，建立部门联席会议制度，共同解决建立碳交易制度面临的问题。

四是建立国有企业参与碳交易的衔接协调机制。建议我国碳交易主管部门会同中央直属国有企业主管部门，研究中央政府直接抓中央直属国有企业、为其分配碳排放配额的可行性，以及相关的工作协调机制。

4. “十三五”期间将试点工作推向新阶段

第一，把“十三五”作为深化试点的第二阶段。围绕“低成本实现减排目标，在既定控排目标下实现更大经济效益”的核心政策目标，进一步完善制度功能，要求试点省市探索实施总量控制，并把控排责任目标层层分解到下级政府和企业，推动各级政府和企业作为责任主体和主要的交易主体融入交易市场，并形成试点省市互联的若干个区域碳交易市场，为形成功能健全的全国碳交易市场探索实践经验。

第二，建议进一步加大工作力度，为建立我国碳交易制度奠定良好的基础。一是积极推动试点之间建立联接市场，为建立全国碳交易市场探索实践经验；二是尽快研究制定全国统一的一系列技术标准和管理规范；三是全面提升能力建设，推动地级市排放清单的编制能力，建立企业碳排放数据报告制度，研究设计碳交易国家登记簿系统，提高政府官员、第三方机构、企业管理人员的能力，为建设全国碳交易市场奠定良好的基础。

参考资料

[1] 巴里·菲尔德、玛莎·菲尔德著，原毅军、陈艳莹译，环境经济学，中国财政经济出版社，2006年1月第1版。

[2] 曹明德，排污权交易制度探析，法律科学（西北政法大学学报），2004年第4期：100~106。

[3] 蔡守秋，论中国的节能减排制度，江苏大学学报（社会科学版），2012年第14卷第3期，8~16。

[4] 常修泽著，产权人本共进论——常修泽谈国有制改革，中国友谊出版社，2010年3月第1版。

[5] 常修泽著，广义产权论——中国广领域多权能产权制度研究，中国经济出版社，2009年9月第1版。

[6] 陈冠伶，国际碳交易的经济学理论分析，经济研究导刊，2012年第11期，1~3。

[7] 陈淑芬，欧盟排放权交易制度的发展对清洁发展机制的挑战与启示，国际论坛，2011年第13卷第2期，21~26。

[8] 陈万灵、潘加矿，广东构建碳交易市场的定位与对策，广东经济，2010年2月，44~47。

[9] 陈晓春、施卓宏，论碳金融市场中的政府监管，湖南大学学报（社会科学版）2011年5月，第25卷第3期，39~42。

[10] 崔民选、王军生、陈义和主编，中国能源发展报告（2012），社会科学文献出版社，2012年7月第1版。

[11] 董岩，美国碳交易价格的法律规制及其对中国的启示，中国物价，2011年，47~50。

[12] 樊纲主编，走向低碳发展：中国与世界——中国经济学家的建议，中国经济50人论坛课题组，中国经济出版社，2010年1月第1版。

[13] [美] 弗兰克·道宾主编，冯秋石、王星译，经济社会学，上海人民出版社，2008年5月第1版。

[14] 付璐，欧盟温室气体排放交易机制的立法研究，武汉大学博士学位论文，2010年10月。

[15] 傅强、李涛，我国建立碳排放权交易市场的国际借鉴及路径选择，中国科技论坛，2010 年第 9 期，106 ~ 111。

[16] 顾阿伦、滕飞、王宇，我国部门减排行动可测量、可报告、可核实现状分析，气候变化研究进展，2010 年第 6 期：461 ~ 467。

[17] 国家发展改革委经济体制综合改革司、国家发展改革委经济体制与管理研究所，中国经济体制改革若干历史经验研究改革开放三十年：从历史走向未来，人民出版社，2008 年 11 月第 1 版。

[18] 郭日生、彭斯震主编，霍竹、唐人虎副主编，碳市场，科学出版社，2010 年 7 月第 1 版。

[19] 韩文科、康艳兵、刘强等，《中国 2020 年温室气体控制目标的实现路径与对策》，中国发展出版社，2012 年 10 月。

[20] 何建坤、周剑、刘滨、孙振清，全球低碳经济潮流与中国的相应对策，世界经济与政治，2010 年第 4 期，18 ~ 35。

[21] 何林、苏佳、舒梦影，论我国构建碳交易期货市场的必要性与可行性，学术交流，2011 年 5 月第 5 期，93 ~ 95。

[22] 胡珀、吴锐，论我国碳交易法律制度的构建，兰州大学学报（社会科学版）2011 年第 39 卷第 5 期，138 ~ 144 。

[23] 黄海燕，加快探索对碳交易和碳税的联合运用，经济研究参考，2012 年第 36 期，5 ~ 10。

[24] 黄宇健，影响中国排污权市场交易意愿因素的实证分析，暨南大学博士学位论文，2010 年 11 月。

[25] 焦小平主译，欧盟排放交易体系规则，中国财政经济出版社，2010 年 11 月第 1 版。

[26]《节约能源法》修订起草组编写，中华人民共和国节约能源法释义，北京大学出版社，2008 年 3 月第 1 版。

[27] 蓝虹著，碳金融与业务创新，中国金融出版社，2012 年 3 月第 1 版。

[28] 李布，借鉴欧盟碳排放交易体系构建中国碳排放交易体系，中国发展观察，2010 年 1 月，55 ~ 58。

[29] 李布，欧盟碳排放交易体系的特征、绩效与启示，重庆理工大学学报（社会科学），2010 年第 24 卷第 3 期，1 ~ 5。

[30] 李殿伟、文桂江，自然资本、碳排放权与我国的碳交易能力建设，经济体制改革，2011 年第 3 期，15 ~ 19。

[31] 李丰才著，社会主义市场经济理论，中国人民大学出版社，2010 年 6 月第 1 版。

[32] 李继峰、张亚雄，我国“十二五”时期建立碳交易市场的政策思考，气候变化研究进展，2012 年第 8 卷第 2 期，124 ~ 133。

[33] 李建勋，欧盟排放权交易机制及其修订对中国的启示，生态经济，2010 年第 10 期，176 ~ 179。

[34] 李通，碳交易市场的国际比较研究，吉林大学博士学位论文，2012 年 6 月。

[35] 李挚萍，碳交易市场的监管机制研究，江苏大学学报（社会科学版）2012 年 5 月，第 14 卷第 1 期，56 ~ 62。

[36] 李挚萍、程凌香，碳交易立法的基本领域探讨，江苏大学学报（社会科学版）2012 年 5 月，第 14 卷第 3 期，22 ~ 28。

[37] 联合国政府间气候变化专业委员会，2007：气候变化 2007：综合报告。政府间气候变化专门委员会第四次评估报告第一、第二和第三工作组的报告，2007 年。

[38] 林伯强，温室气体减排目标、国际制度框架和碳交易市场，金融发展评论，2010 年第 1 期，107 ~ 119。

[39] 林兆木著，林兆木自选集，人民出版社，2011 年 11 月第 1 版。

[40] 凌斌，经济运行的法律影响——论法律界权在科斯框架中的功能与成本，清华大学学报（哲学社会科学版）2012 年第 3 期第 27 卷，88 ~ 99。

[41] 刘迎秋主编，中国非国有经济改革与发展 30 年研究，中国社会科学院文库·中国经济改革开放 30 年研究丛书，经济管理出版社，2008 年 11 月第 1 版。

[42] 吕忠梅，论环境使用权交易制度，政法论坛（中国政法大学学报），2000 年第 4 期：126 ~ 135。

[43] 马海涌、张伟伟、李泓仪，国际碳市场的风险、监管及其对我国的启示，税务与经济，2011 年第 6 期，54 ~ 57。

[44] 倪晓宁著，低碳经济下国际贸易问题研究，中国经济出版社，2012 年 5 月第 1 版。

[45] 潘家华、陈洪波、禹湘主编，低碳融资的机制与政策，中国社会科学论坛文集，社会科学文献出版社，2012 年 3 月第 1 版。

[46] 潘家华、庄贵阳、郑艳、朱守先、谢倩漪，低碳经济的概念辨识及核心要素分析，国际经济评论，2010 年第 4 期，88 ~ 101。

[47] 彭江波著，排放权交易作用机制与应用研究，经济学博士文库，中国市场出版社，2011 年 5 月第 1 版。

[48] 彭莹莹、张利飞，排污权交易机制研究进展，经济学动态，2011 年第 04 期：135 ~ 140。

[49] 齐晔主编，中国低碳发展报告（2011~2012）——回顾“十一五”，展望“十二五”，清华大学气候政策研究中心，社会科学文献出版社，2011年11月第1版。

[50] 钱国强，碳交易试点建设面临的主要问题与建议，中国科技投资，2012年第8期，38~40。

[51] 钱国强、伊丽琪，碳交易市场发展现状与未来走势分析，环境与可持续发展，2012年第1期，70~74。

[52] 乔海曙、谭烨、刘小丽，中国碳金融理论研究的最新进展，金融论坛，2011年第2期，35~41。

[53] 秦天宝、付璐，欧盟排放贸易的立法进程及其对中国的启示，江苏大学学报（社会科学版），2012年第14卷第3期，17~21。

[54] 饶蕾、曾骋，欧盟碳排放权交易制度对企业的经济影响分析，环境保护，2008年第392卷3B，77~79。

[55] 任东明、王仲颖、高虎等编著，可再生能源政策法规知识读本，化学工业出版社，2009年4月第1版。

[56] 商庆军著，转型时期的信用制度构建，上海三联书店，2011年11月第1版。

[57] 水利部黄河水利委员会苏茂林主编，黄河水权转换制度构建及实践，黄河水利出版社，2008年8月第1版。

[58] 斯建华、廖丹萍，我国碳排放权交易试场的建立与完善，经济导刊，2011年5月，66~67。

[59] [美] 索尼亚·拉巴特、罗德尼R·怀特著，王震、王宇等译，碳金融：碳减排良方还是金融陷阱，石油工业出版社，2010年1月第1版。

[60] 唐方方主编、李金兵苏良副主编，气候变化与碳交易，北京大学中国经济研究中心研究系列，北京大学出版社，2012年1月第1版。

[61] 涂毅、华小婧，建立我国碳交易市场的思考，中国财政，2011年第11期，59~60。

[62] 王军旗、白永秀主编，社会主义市场经济理论与实践（第二版），中国人民大学出版社，2009年9月。

[63] 王利，碳金融交易风险及其防控，吉林大学硕士学位论文，2012年5月。

[64] 王文军、赵黛青、傅崇辉，国际经验对我国省级碳排放交易体系的适用性分析，政策与管理研究，2012年第27卷第5期，602~610。

[65] 王遥，《碳金融：全球视野与中国布局》，中国经济出版社，2010年8月，北京。

[66] 王毅刚、葛兴安、邵诗洋等著，碳排放交易制度的中国道路——中国实践与中国应用，经济管理出版社，2011 年 4 月第 1 版。

[67] 沃尔夫冈 · 埃希哈默（德国弗劳恩霍夫系统与创新研究院），《欧盟排放交易体系发展报告》，2012 年 11 月。

[68] 吴晓灵主编，中国金融体制改革 30 年回顾与展望，人民出版社，2008 年 12 月第 1 版。

[69] 吴限，行政和市场解构：我国碳交易市场问题、条件和建构，前沿，2011 年第 12 期，97 ~ 112。

[70] 薛建明著，生态文明与低碳经济社会，合肥工业大学出版社，2012 年 3 月第 1 版。

[71] 薛进军、赵忠秀主编，戴彦德、王波副主编，中国低碳经济发展报告（2012），社会科学文献出版社，2011 年 12 月第 1 版。

[72] 杨润高、赵细康，论我国环境排放权交易市场设计，广东社会科学，2010 年第 4 期，31 ~ 34。

[73] 杨肃昌，张瑞萍，碳金融市场发展的制度设计，经济问题探索，2012 年第 9 期。

[74] 杨永杰、王力琼、邓家姝著，碳市场研究，西南交通大学出版社，2011 年 4 月第 1 版。

[75] 尹敬东，周兵，碳交易机制与中国碳交易模式建设的思考，南京财经大学学报，2010 年第 2 期。

[76] 于定勇，构建中国碳排放交易体制的若干法律问题探讨，经济研究导刊，2011 年第 1 期，104 ~ 106。

[77] 于李娜、刘欣然、谢怀筑、何亮，国际碳金融交易的现状、趋势与对策研究，上海金融，2010 年第 12 期，84 ~ 87。

[78] 于楠、杨宇焰、王忠钦，我国碳交易市场的不完整性及其形成机理，财经科学，2011 年第 5 期。

[79] 于杨曜、潘高翔，中国开展碳交易亟须解决的基本问题，东方法学，2009 年第 6 期。

[80] 袁杜鹃、朱伟国，碳金融：法律理论与实践，法律出版社，2012 年 5 月第 1 版。

[81] 袁溥、李宽强，碳排放交易制度下我国初始排放权分配方式研究，国际经贸探索，第 27 卷第 3 期，2011 年 3 月，78 ~ 82。

[82] [美] 约翰 · 康芒斯著，赵睿译，制度经济学 [上] [下]，华夏出版社，2009 年 1 月北京第 1 版。

[83] 相震，中国碳交易市场发展现状及对策研究，四川环境，第 31 卷第 3 期，2012 年 6 月，70 ~ 75。

[84] 宣晓伟谈中国碳交易市场的现状和未来，http：//www.cssn.cn/news/520584.htm。

[85] 曾刚、万志宏，碳排放权交易：理论及应用研究综述，金融评论，2010 年第 4 期。

[86] 张彩平、肖序，国际碳信息披露及其对我国的启示，财务与金融，2010 年第 3 期，77～80。

[87] 张帆、李佐军，建立完善管理体制构建我国碳交易市场，环境保护，2011 年 11 月，39～42。

[88] 张健华，碳交易市场建设的路径，中国金融，2011 年第 10 期，26～28。

[89] 张健华，我国碳交易市场发展的制约因素及路径选择，金融论坛，2011 年第 5 期，3～7。

[90] 张冉，论发展低碳经济的主要法律机制之构建完善，法制与社会，2011 年 11 月（上），56～57。

[91] 张书琴、毛锴苑、储晓腾，印度碳交易市场机制的解读及启示，现代商业，2012 年第 19 期。

[92] 赵智敏、朱跃钊、汪霄等，浅析构建中国碳交易市场的基本条件，生态经济，2011 年第 4 期，70～72。

[93] 郑爽，欧盟碳排放贸易体系现状与分析，中国能源，2011 年第 33 卷第 3 期。

[94] 郑爽、李瑾，发达国家碳排放贸易政策对比分析，气候变化，2012 年第 34 卷第 2 期。

[95] 中国人民银行哈尔滨中心支行青年课题组，我国碳交易市场构建路径研究，黑龙江金融，2010 年第 10 期，23～25。

[96] 中国清洁发展机制基金管理中心、大连商品交易所著，碳配额管理与交易，经济科学出版社，2010 年 12 月第 1 版。

[97]《中国统计摘要 2011》。

[98] 中山大学法学院课题组，论中国碳交易市场的构建，江苏大学学报（社会科学版）2012 年 5 月，第 14 卷第 1 期，70～76。

[99] 钟劲松，我国发展碳交易市场策略研究，价格理论与实践，2010 年第 7 期。

[100] 周宏春著，低碳经济学：低碳经济理论与发展路径，机械工业出版社，2012 年 5 月第 1 版。

[101] 周鹏、周德群、袁虎著，低碳发展政策：国际经验与中国策略，经济科学出版社，2012 年 8 月第 1 版。

[102] 周奕琛、薛惠锋，构建符合我国国情的碳交易法律机制，环境经济，2010 年 10 月，总第 82 期。

[103] 邹亚生、孙佳，论我国的碳排放权交易市场机制选择，国际贸易问题2011年第7期。

[104] Benjamin Stephan, Matthew Paterson, The politics of carbon markets: an introduction, Environmental Politics, 21: 4, 545 - 562, http: //dx. doi. org/10. 1080/09644016. 2012. 688353.

[105] Damien Morris, Losing the lead? Europe's flagging carbon market, The 2012 Environmental Outlook for the EU ETS, Sandbag, http: //118. 26. 57. 13: 83/1Q2W3E4R5T6Y7U8I9O0P1Z2X3C4V5B/www. sandbag. org. uk/site_ media/pdfs/reports/Losing_ the_ lead_ modified_ 3. 7. 2012_ 1. pdf.

[106] David Harrison Jr., Per Klevnas, Albert L. Nichols, and Daniel Radov, Using Emissions Trading to Combat Climate Change: Programs and Key Issues, Environmental Law Reporter, 2008 (6).

[107] David Lunsford, Christine Loh, Hong Kong's Participation in the Carbon Intensity Reduction Activities and Carbon Trading Pilots in the Pearl River Delta Region, CIVIC EXCHANGE, May 2012, http: //www. civic - exchange. org/wp/201205emissiontrading_ en/.

[108] Decision No 280/2004/EC of the European Parliament and of the Council of 11 February 2004, concerning a mechanism for monitoring community greenhouse gas emissions and for implementing the Kyoto Protocol, Official Journal of the European Union, 19/2/2004.

[109] Decisions Adopted Jointly By the European Parliament and the Council, Decision No 406/2009/EC of the European Parliament and of the Council of 23 April 2009 on the effort of Member States to reduce their greenhouse gas emissions to meet the Community's greenhouse gas emission reduction commitments up to 2020, Official Journal of the European Union, 5/6/2009.

[110] Directorate General Environment European Commission, Allocation and related issues for Post - 2012 phases of the EU ETS, 22 October 2007, http: //ec. europa. eu/clima/policies/package/docs/post_ 2012_ allocation_ nera_ en. pdf.

[111] EU Council (1998). COMMUNITY STRATEGY ON CLIMATE CHANGE - Council conclusions, Press Release: Luxembourg (16/6/1998) - Press: 205 Nr: 09402/98.

[112] Evolution of the Australian Carbon Market, lessons from commodity and financial markets, Carbon Market Institute, July 2012, http: //118. 26. 57. 17: 82/1Q2W3E4R5T6Y7U8I9O0P1Z2X3C4V5B/www. carbonmarketinstitute. org/Library/PageContentVersionAttachment/7b7fb8e8 - 8385 - 4a9e - b9ae - c1672a53bb87/evolution - of - the - australian - carbon - market. pdf.

[113] Guoyi Han, Marie Olsson, Karl Hallding, David Lunsford. China's Carbon Emission Trading,

An Overview of Current Development, FORES Study 2012: 1, http: //www. indiaenvironment - portal. org. in/reports - documents/china% E2% 80% 99s - carbon - emission - trading - overview - current - development.

[114] IEA, Reviewing existing and proposed emissions trading systems, November 2010, http: // 118. 26. 57. 17/1Q2W3E4R5T6Y7U8I9O0P1Z2X3C4V5B/www. iea. org/publications/freepublications/publication/ets_ paper2010. pdf.

[115] John Foreman Broderick, Business As Usual? Instituting Markets For Carbon Credits, A thesis submitted to the University of Manchester for the degree of Doctor of Philosophy (PhD) in the Faculty of Humanities, 2011, Manchester Business School.

[116] Kirat, D. and I. Ahamada, The impact of the European Union emission trading scheme on the electricity - generation sector, Energy Economics, 2011, 33 (5): 995 ~ 1003.

[117] Lise, W. and J. Sijm, et al. , The Impact of the EU ETS on Prices, Profits and Emissions in the Power Sector: Simulation Results with the COMPETES EU20 Model, ENVIRONMENTAL & RESOURCE ECONOMICS, 2010, 47 (1): 23 ~ 44.

[118] Lund, P. , Impacts of EU carbon emission trade directive on energy - intensive industries - Indicative micro - economic analyses, ECOLOGICAL ECONOMICS, 2007, 63 (4): 799 ~ 806.

[119] Pietro De Matteis, The EU's and China's institutional diplomacy in the field of climate change, OCCASIONAL PAPER, May 2012 (96), http: //www. iss. europa. eu/uploads/media/The_ EUz_ and_ Chinaz_ institutional_ diplomacy_ in_ the_ field_ of_ climate_ change. pdf.

[120] Reinaud, J. (2007) . CO_2 allowance & electricity price interaction, IEA information paper. Paris, International Energy Agency.

[121] Sijm, J. and K. Neuhoff, et al. , CO_2 cost pass - through and windfall profits in the power sector, CLIMATE POLICY, 2006, 6 (1): 49 ~ 72.

[122] Zachmann, G. and C. von Hirschhausen, First evidence of asymmetric cost pass - through of EU emissions allowances: Examining wholesale electricity prices in Germany, Economics Letters, 2008, 99 (3): 465 ~ 469.

[123] Zhang, Y. J. and Y. M. Wei, An overview of current research on EU ETS: Evidence from its operating mechanism and economic effect, Applied Energy, 2010, 87 (6): 1804 ~ 1814.

后　记

随着碳交易的不断发展，越来越多的人开始了解和谈论碳交易。但目前国内外尚未形成一套完整的碳交易制度理论，碳交易的实践效果也尚未完全得到检验，社会各界对碳交易还存在不同的认识。本书正是在这种背景下，基于自身对碳交易认识的逐渐深入，形成的一项关于碳交易制度理论和制度设计的研究成果。由于碳交易制度是一个庞大复杂的体系，对我国还属于“新生事物”，在国际上碳交易制度设计也不成熟，加之课题组研究水平相对有限，本书无论从深度、广度，肯定还存在着诸多不足，诚恳希望得到各方的批评指正。

基于本书的研究内容，我们认为未来至少还需在以下三方面深入研究。

一是关于碳交易制度的理论。尽管部分国家和地区已经开展了碳交易，但国际上对碳交易制度的理论研究仍然处于探索阶段，尚未形成一套完整的碳交易制度的理论，对碳交易的价格形成机制、碳金融衍生品等问题的研究仍然存在较大争议。这也说明学术界对碳交易的认识并不完全清晰。本书从低成本控排的角度出发，提出了碳交易制度的理论框架，但研究主要基于定性的理论分析，定量分析较少，而且对碳金融涉及较少，而这些都是未来需要继续深入研究的重要领域。

二是关于我国碳交易制度设计。本书根据我国的特殊国情（如发展阶段、国有企业等问题），基于顶层设计的思想，比较系统、全面地提出了我国碳交易制度设计方案。相比国内其他已有相关研究成果，本研究除更具宏观性和战略性之外，对我国碳交易具体操作也进行了详细分析论证。例如本研究对电力行业参与碳交易的考虑：国际上大多基于“从生产端控制碳排放”的理念出发，直接将发电厂纳入碳交易体系，通过对电厂的碳排放进行总量控制，并利用电价的传递效应引导全社会的减排。而我国目前实行的仍是固定电价政策，电力市场化改革道路未来可能仍比较漫长，但全社会用电需求正处于快速增长阶段，节电潜力主要在消费端。基于这些实际国情，本研究的思路是从消费端控制电力碳排放，不把发电企业作为我国的碳交易市场体系的履约主体，而是通过制定单位发电量碳排放基准线的方法来直接控制各电力集团的碳排放水平。所以说，设计我国碳交易制度，需要充分考虑外围经济社会环境（如法律法规、体制机制、政策协调等）。外围经济社会环境与碳交易制度安排的关系还有待未来进一步深入研究。

三是关于碳交易对经济社会的影响。碳交易制度设计与经济社会环境紧密关联，开展碳交易对经济社会发展的影响也会是深刻而复杂的。从国际上看，真正意义上的碳交易活动在2005年后才开始开展，碳交易对经济社会发展会产生何种影响还无法看清，全球范围内也鲜见碳交易对经济社会影响方面较为深入的研究成果。未来围绕这一问题未来也需要结合碳交易的理论和实践进行深入研究。

最后需要再阐明我们对碳交易的认识和基本态度。碳交易是实现碳排放控制目标的一种基于市场的政策手段，优点是可以在确保控排目标实现的同时降低成本，缺点主要是前期需要较高的体系建设成本。认识碳交易应同时看到其优缺点，既不能将其当成包治百病的灵丹妙药，也不能以过去失败的经验彻底否定当前开展碳交易的可行性。应该看到，目前碳交易已成为促进全球低碳发展的重要政策手段，将对未来的世界经济格局和政治格局产生深远的影响，我国需要顺应这一国际潮流。与此同时，我国经济社会的可持续发展面临着日益加剧的资源环境约束，开展碳交易有助于在资源环境约束性下实现更大的经济社会效益，所以应该充分发掘开展碳交易的各种有利条件，以积极主动的姿态去探索开展碳交易。碳交易的核心目的是低成本实现控排目标，而且碳交易只是实现控排目标的一种重要途径，在开展碳交易的同时，仍然需要综合运用其他措施（如技术标准、价格政策、碳税政策等）共同推动我国实现低碳发展。此外，碳交易不仅仅是企业间的交易行为，碳交易制度中政府部门扮演着重要而特殊的角色，应该给予足够的重视。《中共中央关于全面深化改革若干重大问题的决定》明确了“紧紧围绕使市场在资源配置中的起决定性作用深化经济体制改革”的战略方向，“提出加快生态文明制度建设”，用制度保护生态环境。碳交易制度建设应该而且也确实是其中的重要内容。在目前陆续启动交易的碳交易试点经验基础上，下一步需要凝聚各方共识，从顶层设计的角度出发，谋划全国层面的碳交易制度建设，逐步建立全国碳交易市场。

图书在版编目（CIP）数据

碳交易制度研究/戴彦德等著．—北京：中国发展出版社，2014.5
ISBN 978-7-5177-0166-8

Ⅰ.①碳…　Ⅱ.①戴…　Ⅲ.①二氧化碳—排污交易—研究—中国
Ⅳ.①X511

中国版本图书馆 CIP 数据核字（2014）第 100498 号

书　　　名：碳交易制度研究
著作责任者：戴彦德　康艳兵　熊小平 等
出 版 发 行：中国发展出版社
（北京市西城区百万庄大街 16 号 8 层　100037）
标 准 书 号：ISBN 978-7-5177-0166-8
经　销　者：各地新华书店
印　刷　者：三河市东方印刷有限公司
开　　　本：700mm×1000mm　1/16
印　　　张：13
字　　　数：168 千字
版　　　次：2014 年 5 月第 1 版
印　　　次：2014 年 5 月第 1 次印刷
定　　　价：68.00 元

联 系 电 话：（010）68990625　68990692
购 书 热 线：（010）68990682　68990686
网 络 订 购：http：//zgfzcbs. tmall. com//
网 购 电 话：（010）88333349　68990639
本 社 网 址：http：//www. develpress. com. cn
电 子 邮 件：121410231@qq. com
